Cool, Calm, and Confident

A Workbook to Help Kids Learn Assertiveness Skills

美国儿童自信力训练手册

帮助孩子学会积极主动、乐观行事的心理课

［美］丽萨·M. 萨伯◎著
孙一淞、蔡冠宇◎译

北京科学技术出版社

COOL, CALM, AND CONFIDENT: A WORKBOOK TO HELP KIDS LEARN ASSERTIVENESS SKILLS by LISA M. SCHAB, LCSW

著作权合同登记号 图字：01-2023-5903

图书在版编目（CIP）数据

美国儿童自信力训练手册 /（美）丽萨 · M. 萨伯著；孙一淞，蔡冠宇译 .-- 北京：北京科学技术出版社，2024.1

书名原文：Cool, Calm, and Confident: A Workbook to Help Kids Learn Assertiveness Skills

ISBN 978-7-5714-3457-1

Ⅰ . ①美… Ⅱ . ①丽… ②孙… ③蔡… Ⅲ . ①自信心—儿童读物 Ⅳ . ① B848.4-49

中国国家版本馆 CIP 数据核字（2023）第 000084 号

策划编辑：花明姣　路　杨
责任编辑：路　杨
责任校对：贾　荣
责任印制：吕　越
出 版 人：曾庆宇
出版发行：北京科学技术出版社
社　　址：北京西直门南大街 16 号
邮政编码：100035
电话传真：0086-10-66135495（总编室）　0086-10-66113227（发行部）
网　　址：www.bkydw.cn
印　　刷：三河市华骏印务包装有限公司
开　　本：710 mm × 1000 mm　1/16
字　　数：148 千字
印　　张：13.75
版　　次：2024 年 1 月第 1 版
印　　次：2024 年 1 月第 1 次印刷
ISBN 978-7-5714-3457-1

定　　价：59.80 元

写给孩子们的信

在生活中，你会遇到各种各样的人。有些人很容易相处，你会想和他们成为朋友；有些人很难相处，你不会想和他们成为朋友。有些人会善待、尊重你；有些人会粗鲁、不公平地对待你。你会发现，你通常无法改变别人，或让他们按照你的意愿行事。但是当你改进自己的行为时，你就能和其他人相处得很好。

与人相处的最好方法之一就是学会如何自信地行事。你说话和行动的方式有助于保护自己的权利，同时也能保护别人的权利。这意味着你既尊重自己，也尊重他人。

自信不一定是你与生俱来的能力，但你可以通过后天学习。当你感到自信时，你会更容易有勇气和力量果断行事。

本书中的许多活动都是在帮助你认识你的自我价值、优势，并学会如何捍卫自己的权利。

自信行事一方面是指用一种积极和公平的方式与他人交流——多听少说，以有礼貌的、适当的方式表达你的感受；另一方面是指用对自己行为负责的态度，以及通过站在他人角度看问题的技巧来解决问题和分歧，这本书可以教你如何做到这两方面。

许多孩子都会因为这样或那样的事情被人开玩笑。当你自信时，你可以很好地应对被别人开玩笑的情况，你也可以通过向别人寻求帮助来避免被人恶意取笑。

如果你是一个喜欢跟别人开玩笑的人，这本书里的活动可以教你如何以更体贴、更成熟的方式与他人沟通，帮助你更好地结交朋友并维系真正的友谊。

这本书教给你的主要是思路和技巧，你必须练习并付诸实践，才能将其作用发挥到最大。

如果你认为学习自信就像学习其他能力一样，那你应该知道，你付出多少就会得到多少。

对自己有耐心，不断尝试，你就能成功。

祝你好运，玩得开心！

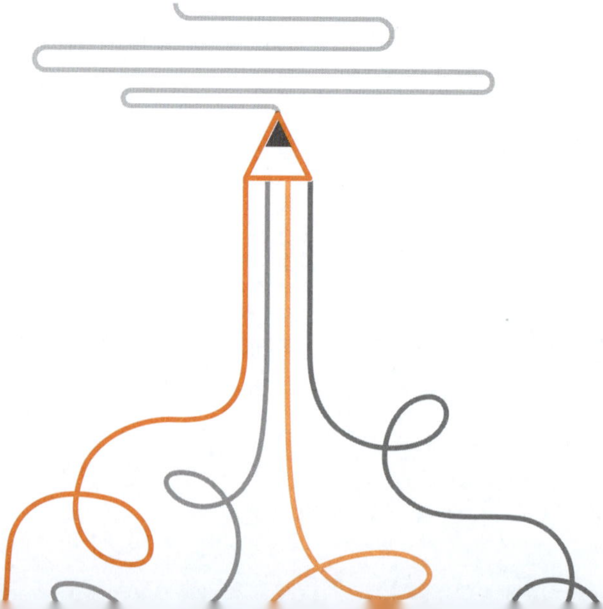

Contents

目 录

Activity 1

活动 1　三种沟通方式

· 你要知道 · 人们相互交流时主要有三种说话和行为方式：被动型、攻击型和自信型。被认为是最健康、最公平、最能帮助人们相处的说话和行为方式是自信型。

一个人的说话和行为方式会影响别人对待你的态度。

当被动的帕西想要什么东西时，她会暗示而非直接提要求。“我希望能像你一样吃一些好吃的草莓。”和朋友坐在一起吃午饭的时候她低声说道。

具有攻击性的阿吉不问一声就拿走她想要的东西。“给我一些你的草莓！”她一边大声地说一边抓起朋友的草莓。

自信的亚瑟礼貌而直接地请求得到他想要的东西。“我可以吃一颗你的草莓吗？”他问他的朋友，“我可以用一些葡萄和你交换。”

像帕西这样的被动沟通者总是让人觉得像在发牢骚。他们倾向于表达认同别人的想法，即使他们内心并不认同。但当别人告诉他们该怎么做时，他们会生气。他们经常抱怨自己不快乐，并为此责怪别人。他们经常让别人替他们做决定，经常会觉得自己的意见不重要。

像阿吉这样有攻击性的沟通者总是让人觉得很刻薄，他们在试图得到自己想要的东西时伤害了其他人。他们可能会争论不休、大声喧哗、贬低别人。他们可能会没礼貌，甚至很残忍。他们经常不考虑别人的感受就替别人做决定。他们说话的口气就好像他们的观点永远正确，容不下其他任何想法。

像亚瑟这样自信的沟通者总是让人觉得他在努力做到公正。他们在表达自己意愿的同时，也会倾听和思考别人想要什么。他们会为自己的思想、感情和行为负责，不会无端责备他人。他们会自己做决定，认为自己的意见和其他人的意见同样重要。

你　要　做　的

帕西、阿吉和亚瑟都想去荡秋千，但是已经有其他孩子在荡秋千了。用黄色笔圈出所有你认为帕西会说的话。用红色笔圈出所有你认为阿吉会说的话。用蓝色笔圈出所有你认为亚瑟会说的话。

我想荡秋千，有人快结束了吗？

你在那儿待得够久了，滚开！

你想轮流荡秋千吗？

马上从秋千上下来！

你玩完了以后可以让我玩吗？

反正我也没有资格荡秋千。

轮到我了，让开！

我今天不想荡秋千了。

那些孩子不让我荡秋千，太刻薄了。

在帕西、阿吉和亚瑟中，你最想和谁交朋友？请写下原因。

在帕西、阿吉和亚瑟中，你觉得谁最容易惹麻烦？请写下原因。

参考答案：
1. 帕西可能说的话：“反正我也没有资格荡秋千。”“那些孩子不让我荡秋千，太刻薄了。”“我今天不想玩荡秋千了。”
2. 阿吉可能说的话：“你在那儿待得够久了，滚开！”“马上从秋千上下来！”“轮到我了，让开！”
3. 亚瑟可能说的话：“我想荡秋千，有人快结束了吗？”“你想轮流荡秋千吗？”“你玩完了以后可以让我玩吗？”

在帕西、阿吉和亚瑟中，你最想邀请谁来参加你的生日聚会？请写下原因。

在帕西、阿吉和亚瑟中，你认为谁能最先玩到秋千？请写下原因。

在帕西、阿吉和亚瑟中，你认为谁最有可能最后一个玩到秋千？请写下原因。

For you 更多你要做的

观察下面的图片，阅读描述孩子们反应的语句。如果你认为这是一个被动型沟通的例子，请在这句话旁边写“被动”；如果你认为这是一个攻击型沟通的例子，请在这句话旁边写“攻击”；如果你认为这是一个自信型沟通的例子，请在这句话旁边写“自信”。

“喂！把铅笔给我！”▶ ________

“谢谢你和我分享你的铅笔。”▶ ________

“我的铅笔断了，我不知道该怎么办。”▶ ________

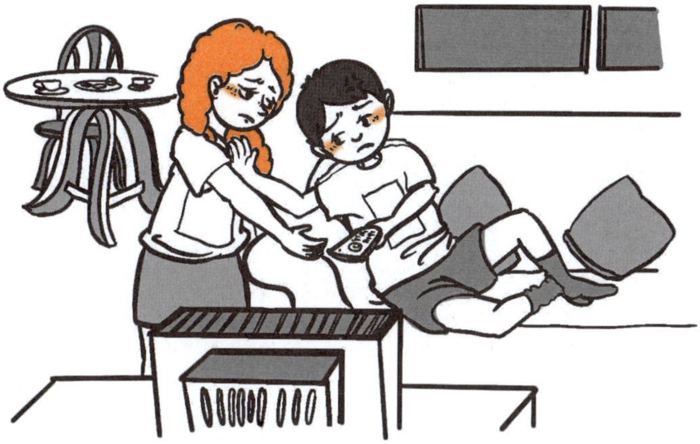

“我希望我们能看动画片而不是这个节目。” ▶ ________

“不要再看这个节目了，我想看动画片。” ▶ ________

“这个节目结束后我们能看动画片吗？” ▶ ________

“我很抱歉，我没有注意到自己在做什么。” ▶ ________

“哦，不，天哪！我太笨了。” ▶ ________

“谁叫你坐在那儿的，笨蛋！” ▶ ________

假设你的工作是沟通观察员。使用下面的表格或者制作一个跟它类似的表格，在接下来的一两天里，写下你看到的人的名字，并记录下你认为他们的沟通方式是被动型、攻击型的还是自信型的。请写出至少一句他们说过的话，这有助于你做出判断。

姓名	被动型	攻击型	自信型	说话内容

Activity 2

活动 2　你的想法会影响你的行动

· 你要知道 · 人们的行为会受到思考和感受方式的影响。如果他们总想着快乐的事情，他们就会以快乐的方式行事。如果他们总想着不快乐的事情，他们就会以不快乐的方式行事。想着快乐的事情时，人们更容易以健康自信的方式进行交流。

巴特、本和贝蒂是三胞胎。他们长得很像，但大多数时候他们的行为却不一样。每天早上，巴特都会感到有些忧虑。他不喜欢上学，因为害怕其他孩子不喜欢他。他还担心，其他人如果知道他害怕，可能会取笑他。当巴特到达操场时，他想到了很多被拒绝的场景。巴特因为害怕其他孩子会拒绝他参加垒球比赛的请求，所以他没有询问，直接就抓起一个孩子的接球手套，大声说："现在轮到我当接球手了！"其他孩子认为巴特很刻薄，但由于害怕他，所以让他跟大家一起玩。

本和巴特一样忧虑。有时他躺在床上思考得太久以至于会错过校车。本的妈妈为此很生气，因为她必须开车送本去学校，这会导致她上班迟到。本不喜欢上学，因为他害怕其他孩子会取笑他或者不想和他做朋友。当本到达操场时，他想到了很多被拒绝的场景。本因为害怕其他孩子会拒绝他参加垒球比赛的请求，所以他没有询问，直接坐在田野边的一棵树下。一个注意到本的女孩以为他不想跟大家一起玩，因为他一个人坐在树下，没有跟大家交流。本认为没有人喜欢他，因为没有人邀请他一起玩垒球。

贝蒂希望孩子们喜欢她，虽然她也担心交不到朋友，但是她的想法是乐观的。她认为自己是一个很好的人，如果她言行得体，其他孩子应该会想要和她一起玩。贝蒂虽然害怕其他孩子不喜欢她，但是她一直面带微笑，并满怀希望地认为自己会度过美好的一天。当她到达操场时，她相信自己会在这里玩得很开心。她想知道其他孩子是否会让她参加垒球比赛，所以她拍了拍一个男孩的肩膀，对他微笑，询问自己是否可以跟他们一起玩。男孩看到她友好的微笑，说："当然，你可以跟大家一起排队击球。"

你要做的

Foryou

想想巴特、本和贝蒂是如何表达想要参加垒球比赛的。然后回答每个孩子名字下面的问题。

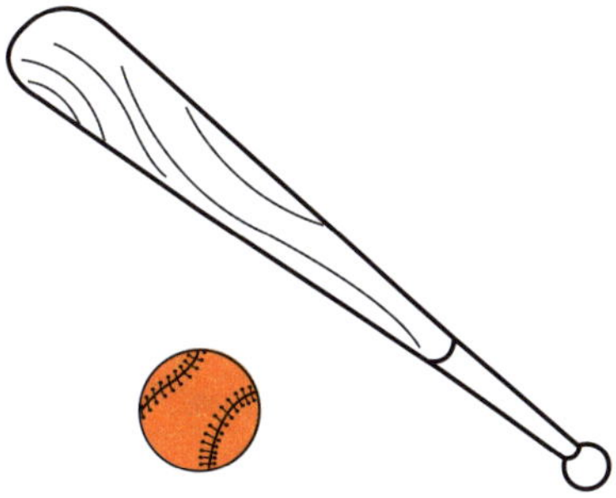

巴特

你觉得巴特为什么表现得这么刻薄或有攻击性？

....

....

你觉得巴特是怎么看待自己的？

....

....

你觉得其他孩子会怎么看待巴特?

什么样的想法会让巴特感觉好一点并且有助于他改变行为?

本

你觉得本为什么表现得这么温顺或被动?

你觉得本是怎么看待自己的?

你觉得其他孩子会怎么看待本?

什么样的想法会让本感觉好一点并且有助于他改变行为?

贝蒂

你觉得贝蒂为什么表现得这么友善或自信?

你觉得贝蒂是怎么看待自己的?

你觉得其他孩子会怎么看待贝蒂?

什么样的想法让贝蒂感觉良好并言行得体?

For you 更多你要做的

仔细想一想，什么样的想法会让你感到快乐呢？请写出三个。

1 ……

2 ……

3 ……

仔细想一想，什么样的想法会让你感到不快乐呢？请写出三个。

1 ……

2 ……

3 ……

当你以自信积极的态度看待自己时，你更容易感觉良好，更容易交到朋友，更容易与他人友好相处。这样也更容易保护自己，相信自己与他人平等，行为大方得体，尊重自己和他人的权利。

假设你正在接近一群孩子，请写下三个能让你和其他孩子都感觉良好的想法。

1. ....

2. ....

3. ....

如果你很想跟其他孩子一起玩，请写下三个你准备如何自信地与他人沟通并付诸行动的想法。

1. ....

2. ....

3. ....

Activity 3

活动 3　黄金法则

· 你要知道 · 自信指的是善待自己并且尊重他人。有人把这种想法称为黄金法则:“你希望别人怎样对待你，你就怎样对待别人。”理解并记住这条黄金法则有助于你了解如何自信地行事。

霍莉要搬到另一个城市去了。她对进入新学校感到既兴奋又害怕。她想要结识一些不错的朋友，但她不知道应该如何结交新朋友。霍莉把自己的感受告诉了妈妈，妈妈说她要做的就是记住黄金法则。她们一起重复了这条法则："你希望别人怎样对待你，你就怎样对待别人"。

"你希望同学们怎样对待你？"妈妈问。

霍莉说："我希望他们是友好的，我希望他们能主动做自我介绍，并邀请我和他们一起玩。我希望他们能让我有宾至如归的感觉。我希望他们能给我一个和他们成为朋友的机会。"

霍莉妈妈说："那你就应该这样对待他们，对他们友好一点。你要主动向他们做自我介绍，问他们是否愿意和你一起玩。让他们感受到你的热情，给他们一个和你做朋友的机会。"

第一天去新学校的时候，霍莉戴了一个小小的金戒指，目的是提醒她要使用黄金法则。当她以友好的方式对待新同学时，她发现同学们也以同样的方式对待她。那天，霍莉遇到了很多友善的孩子，还结交了新朋友。"这条黄金法则真的很管用！"她对妈妈说。

For you 你要做的

如果要遵循"你希望别人怎样对待你，你就怎样对待别人"的黄金法则，请在每张图片下面的第一行，写下孩子应该说的话。在每张图片下面的第二行，写下孩子应该做的事情。

For you 更多你要做的

请在下列表述中，圈出你希望别人这样对待你的表述。

忽略我	对我微笑	伤害我的感情
有礼貌	友善	对我有耐心
体贴	粗鲁	让我和他们一起玩
排斥我	刻薄地欺负我	伤害我后向我道歉
友好	取笑我	说出我的秘密
专横	和我分享	随便摆布我
善良	跟我玩得开心	对我做鬼脸
说我的坏话	邀请我加入他们	告诉我他们喜欢我

看看你圈出来的表述，想一想你是否是这样对待别人的。

Share 分享一个你遵循黄金法则对待别人的例子。

当你遵循黄金法则时，你认为别人会怎样对待你?

当你不遵循黄金法则时，你认为别人会怎么对待你?

Activity 4

活动 4　你是特别的

· 你要知道 · 人就像雪花——没有两片是完全相同的。每个人都有自己独特而重要的优秀品质。不管你的名字是什么、你住在哪里、你长什么样、你拥有什么、你做什么事情，你都是独一无二的。

如果你观察一下自然世界，你会发现事物是具有多样性的。虽然有许多枫树，但没有两棵完全相同。虽然有很多知更鸟，但每一只都与其他的略有不同。虽然天空中每天都有云朵飘过，但从来没有两片完全相同的云。

不同种类的植物和动物，不同的地貌和天气，所有这些“不同”结合在一起，让世界完美运转。雨滋润万物，太阳带来光和热，风播撒种子，雪在冬天为大地铺上毯子。如果没有这些多样性，我们的星球不可能存在各种各样的生命。

人也是如此，每个人都有特别的价值，是世界上独一无二的存在。有些人可能有很好的农业技术，为我们种植食材；有些人可能有很好的唱歌技巧，为我们演唱动听的歌曲；有些人在我们生病时为我们提供医疗服务；有些人帮助我们在图书馆找到想阅读的书籍；有些人用他们的笑声照亮我们的生活；有些人用他们的爱带给我们温暖……

不管你是谁，你都是特别的。了解这个事实可以帮助你在与他人交往时表现得更自信，从而更好地保护自己。知道每个人都是特别的，可以帮助你换位思考，即使别人与你非常不同。当你表现得自信时，你的言行将有利于你保护自己和他人的最大权利。

For you 你要做的

用一些可清洗的颜料涂抹你的手掌。当手掌被涂满颜料后，请按在下面第一个画框中。如果没有颜料，你可以把手张开，按在下面这个画框中。另一只手，拿笔沿着你的手指和手掌的轮廓画出形状。

请在第二个画框中粘贴一张你自己的照片，任何年龄的照片都可以。如果没有照片，可以在画框中画一幅自画像。

观察两个画框里的内容。在这个世界上，没有人和你有一模一样的手印和长相。在这个世界上，没有两个孩子是完全一样的，每个孩子都是特别的存在，这个世界也因此变得多姿多彩。

For you 更多你要做的

写下一个好朋友的名字，然后写出四个你与他的不同点。

1 .... 2 ....

3 .... 4 ....

写下一个和你年龄、性别相同的人的名字，然后写出四个你与那个人的不同点。

1 .... 2 ....

3 .... 4 ....

写下这个世界上最像你的人的名字，然后写出四个你与那个人的不同点。

1 .... 2 ....

3 .... 4 ....

想象所有的朋友都和你一模一样，写出你的感受。

写出你的特别之处。

Activity 5

活动 5　你特别的内在品质

· 你要知道 · 你身上最重要的闪光点其实是你无形的“内在品质”。当你与他人相处时，你的“内在品质”塑造了你的个性和表现。这些品质可以帮助你建立自信，自信坚定地面对一切。

当杰克森照镜子的时候，他对看到的自己并不满意。他觉得自己的鼻子太大、太突出了。他不喜欢自己有一撮头发总是不柔顺。他还觉得自己的雀斑太多了。

杰克森的祖父见他愁容满面地看着镜子，问他怎么了。杰克森回答："我没有任何优点。"

"我的天！你看待自己的角度错了。想发现自己真正重要的部分，你必须审视自己的内心。"祖父一边说一边搂住了杰克森。

"我该怎么做呢？"杰克森问。

"首先，闭上眼睛。然后关注你的心，不是你胸腔里跳动的心脏，而是你的内心，想想你身上的美好之处。例如，我发现你是一个很善良的男孩。我看到你和朋友们分享你的玩具。我看到你虽然想去玩，但还是帮妈妈给小妹妹喂饭。我看到你在照顾那只在后院生病的鸟。这些才是你最珍贵的东西，但你在照镜子的时候却看不到它们。"

杰克森想了想祖父说的话，他知道祖父是对的。当他闭上眼睛审视自己的内心时，他看到了比雀斑数量更多的优秀品质。这让他感觉好多了。他还明白应该用同样的眼光看待他人，一个人最重要的部分不是他的外表，而是那些让他变得友善的内在品质。

For you 你要做的

下面这些都是描述一个人内在品质的词语，你认为你具备哪些品质呢？请把你认为你具备的内在品质圈出来。

善良	乐观	懂得感恩
聪明	有爱心	善于分享
勤俭节约	有礼貌	诚实
讲义气	尽自己最大的努力做事	关心他人
值得信赖	孝顺	谦虚
真诚	勇敢	幽默
和他在一起时很放松	温暖	乐于助人
勤劳	考虑周到	懂得表达爱
体贴	慷慨	懂得倾听
负责任	温柔	富有同情心
懂得变通	有耐心	尊重他人
自律	正直	有合作精神

在下面的画框中，画出你身体的轮廓。把它画大一点，这样你就可以在轮廓里面写字了。把你圈出的词语或短语写到身体轮廓里，这就是你的样子。还可以用你最喜欢的颜色填充空白处。

我的内在品质

更多你要做的

写出三种你身上积极的内在品质，并分别列举一个能表现这种品质的情境。例如，你认为你积极的内在品质是“善良”，写出一个你向他人表达善意的情境。

我积极的内在品质	我用这种品质……

我们拥有的积极的内在品质越多，我们对自己的感觉就越好。回顾一下本节“你要做的”里的活动，写下你没有圈出来但想要努力获得或提升的品质。例如，如果你想成为一个勤劳的人，就把“勤劳”写下来；如果你想变得比现在更有耐心，就把“有耐心”写下来。

……………………………………

……………………………………

Idea

请写下你可以获得或提升这些品质的具体方法。例如，为了提升分享的品质，你可以主动借玩具给朋友；为了提升乐于助人的品质，你可以坐公交车时主动给老人让座。

Activity 6

活动 6　你擅长的事情

· 你要知道 · 每个人都有自己特别的才能。你一定擅长做某些事情，当你想到并做这些事情时，你会感觉良好。找到自己的优势可以帮助你建立自信，从而自信地行事。

麦迪逊参加了学校组织的烹饪活动。在此之前，她和妈妈在家做过几次饭，但她总是犯错误，总是把食物弄得一团糟。她认为自己在学校活动中也会如此，她总是想像各种犯错的场景，把自己吓坏了。

在烹饪活动中，麦迪逊坐在房间的后面，其他女孩在称量配料，搅拌碗里的东西。领队格雷斯夫人问她怎么了。“我不擅长烹饪，她们可能会嘲笑我。”麦迪逊说。

“好吧，告诉我，你擅长什么。”格雷斯太太说。麦迪逊想了一会儿，然后回答说：“滑雪。”“那么这就是你应该关注的，如果我们只考虑我们不擅长的事情，我们会感觉自己很糟糕。如果我们想想自己擅长的事情，就会自我感觉良好。告诉我，你是怎么滑雪的。”格雷斯太太问。麦迪逊说：“我一开始只玩初级斜坡，但现在我已经有足够能力，可以和父母一起滑大型斜坡了。我喜欢乘坐滑雪缆车，那很有意思！”麦迪逊一边说着一边露出了灿烂的笑容。

“想着你优秀的滑雪的技术，然后加入其他女孩，想办法做你觉得舒服的事情——也许是称量一种配料。你可以观察他人，向他人学习，或者帮忙做清理工作。每个人都有自己擅长的事情，也有不擅长的事情。多想想自己擅长的事情，你会更有信心做好其他的事情。”格雷斯太太说。

For you 你要做的

请在每个奖杯下面的横线上写一些自己擅长的事情。想想你擅长哪些事情：也许你知道如何善待动物，也许你擅长保持房间整洁，也许你是一个值得交的朋友，也许你是班上最擅长拼写的人，也许你跳得很高。写下你所拥有的每一项天赋，如果需要的话，可以多用几张纸来写。

在其中的三个奖杯上分别画一颗星星，代表这是你最擅长的事情。

For you 更多你要做的

试着在你擅长的事情清单上再增加三件事。如果你想不出其他的事情，请朋友或家人帮助你。记住，每件事都很有意义——比如按时上学！

1 ……………………………………

2 ……………………………………

3 ……………………………………

请写下当你想到自己擅长的事情时，感觉如何。

……………………………………

……………………………………

……………………………………

记住，每个人都有擅长的事情，不仅仅是你。在篮球队垫底的孩子可能非常擅长吹口哨。数学考试不及格的孩子可能是一个非常值得信赖的人。关注自己和他人的长处可以帮助你表现得自信，因为你相信自己，也相信别人。

请写下你最好的朋友擅长的三件事。

1. ……
2. ……
3. ……

请写下你父母擅长的三件事。

1. ……
2. ……
3. ……

想想你不太喜欢的人，写下三件他擅长的事情。

1. ……
2. ……
3. ……

想想那个在学校被其他孩子取笑的人，写下三件他擅长的事情。

1. ……
2. ……
3. ……

Activity 7

活动 7　微笑法则（SMILE）

·你要知道· 人无完人，没有人擅长所有事情。我们都有需要别人帮助和改进的地方。接受这些挑战，尽我们最大的努力正面它们，可以帮助我们感觉良好。当我们感觉良好时，更容易表现得自信。

世界上最伟大的运动员可能有阅读障碍，最聪明的科学家可能唱歌很难听，挽救了许多生命的医生可能不会骑自行车。

我们都知道自己还有可以改进的地方，但这并不意味我们是有问题的。我们都是普通人，人都有需要改进的地方，但我们如果一直被弱点所困扰，就永远不会快乐。对付弱点的最好办法就是微笑法则（SMILE）：

S See them 看到它们

M Manage them 管理它们

I Improve them 改进它们

L Let them go 放下它们

E Expect things to get better 期待事情会变得更好

我们必须先看到自己的弱点，才有机会改进它们。在体育课上，肖娜尝试着做运动，她发现自己需要别人帮忙才能接到球。史蒂夫认为自己可能不擅长运动，以生病为借口逃避上体育课。他从来没有给自己改变的机会。

当我们意识到自己在某个领域需要改进、需要他人帮助时，就要为了改进弱点而行动，以免变得更糟。马克发现自己在乘法计算方面需要帮助，所以让哥哥每周帮助他复习数学。这有助于他提升自己的学习能力，以免犯更多的错误。玛丽莎发现自己在数学方面需要帮助，但她什么也没做，所以数学成绩越来越差。

努力改进我们的弱点可以让我们变得更优秀。伊兹每天下午都会练习吹小号，他的演奏水平因此有了很大的提升，最终加入乐队了。英格丽告诉她的小号老师，她在练习吹小号的过程中遇到了困难，但是她不想练习，希望老师让她演奏更简单的音乐，但这并没有让她成为一个更好的演奏者。

我们一旦发现了自己的弱点，并尽自己最大的努力去改进后，就应该放下它们了。一直想着自己在某件事上表现得有多糟糕，永远不会让我们变得更好。洛根试图通过和学校里的孩子们打招呼来提升自己的社交技巧，但是他太担心自己会害羞了，以至于紧张得胃痛。琳达也想交更多的朋友，她决定在学校里试着跟更多的孩子打招呼。琳达没有把注意力放在“万一其他孩子不理我怎么办”上，她转移了注意力，想的是她和其他孩子一起参加嘉年华会有多开心。她因为放下了烦恼，自然也变得更快乐了，她向别的孩子打招呼时，得到的反馈也更好了。

我们的态度决定了我们做事的结果。如果我们认为自己会失败，就一定会失败。如果我们期待事情会变好，事情就会变好。伊丽莎白知道自己的舞蹈水平需要提高，她也很想改进，但在她心里仍然认为自己很笨拙，她从来没有付诸实践，因此就没有进步。伊娃知道自己的舞蹈水平需要提高，她也很想改进。她在心里期待一切会变得更好，她相信自己的额外练习会有回报。这让她在练习的时候更加专注了，最终她取得了进步。

For you 你要做的

请在下面的画框中，画出你认为自己需要改进的地方。

请使用微笑法则（SMILE）回答以下问题。

你看到（See）自己要改进的地方是什么？

你要如何管理（Manage）才能让它不会变得更糟？

……………………………………………………

……………………………………………………

你能做些什么来提升（Improve）自己的能力？

……………………………………………………

……………………………………………………

你愿意放下（Let go）对自己弱点的纠结，去想一些快乐的事情吗？

……………………………………………………

……………………………………………………

请写下你希望情况如何好转（Expect things to get better）。

……………………………………………………

……………………………………………………

For you 更多你要做的

很多人一想到自己不擅长的事情就会皱眉和气馁，这让他们总是感到疲倦和悲伤，没有足够的精力把事情做好。当你想到自己需要改进的地方时，可以想想微笑法则，相信你会有足够的精力把事情做好。

请描述你想要改进的事情。每一件事都用微笑法则分析可以如何改进。

描述一下当你改进某件事情的感觉。

Activity 8

活动 8 扭转局面

· 你要知道 · 每个人都会犯错。这也是为什么铅笔上会有橡皮擦。如果你把犯错看作是一次改进的机会，你就不必为此感到沮丧。接受你的错误，然后积极地看待它，这会让你感觉良好。当你感觉良好时，就能更加自信坚定地行事了。

艾萨克因为向汽车扔水球被人抓住了，一名警察来找他和他的父母谈话。“干扰别人驾驶是很危险的，有人可能会因此受伤或死亡。”警察说。艾萨克觉得很糟糕。他当时玩得很开心，没有意识到自己的行为会造成危害。

警察告诉艾萨克，他必须做 20 小时的社区服务来弥补自己的过失。艾萨克的父母说，他们对艾萨克的行为感到震惊，但他们也相信艾萨克已经意识到这个错误，并会通过做社区服务来弥补。

“犯错是人性的一部分，犯错是把消极事情转变为积极事情的机会。你知道怎样通过参与社区服务来做到这一点吗？”艾萨克的父亲问。艾萨克说：“我可以在医院做志愿者，这样我就可以帮助他人，而不是伤害他人。”“好主意。”父亲说。

那年夏天，艾萨克在医院里推着一辆快餐车在大厅里给病人送餐。他为孤独的人读书，和无聊的人玩跳棋。有时他会清理病人洒出来的食物并且清扫地板。艾萨克工作努力，每天准时到达，尽可能地善待所有病人。

夏天结束时，护士长告诉艾萨克，他是他们遇到过的最好的志愿者之一，每个人都对他的辛勤工作和善良表示感谢。艾萨克的父母为他感到骄傲，艾萨克也为自己感到骄傲。“我这辈子也许还会犯很多错误，但我会努力把它们都变成积极的东西。”艾萨克想。

For you

你 要 做 的

下面每一张图片都展示了一个犯错误或有不足的孩子。请在右侧横线上写下这些孩子可以做些什么来弥补或改进，并让自己感觉更好。

她被你撞倒了。

For you 更多你要做的

- 描述一个你最近犯过的错误。

- 犯这个错误的时候，你有什么感觉?

- 描述一下你做了什么或者你本可以做什么，来弥补这个错误。

- 如果你把错误转变成积极的东西，你会有什么感觉?

Activity 9

活动 9　自信的样子

· 你要知道 · 自信的人在外表和行为上有一些共同之处。他们的自信表现在他们的表情、姿势和动作上。在别人看来，他们拥有受欢迎的性格和引人注目的外表。当人们对自己感到自信时，你看到他们的第一眼就能发现。

自信的人通常会有如下表现。

- 他们见到你时，会友好地微笑。
- 他们会主动伸出手和你握手。
- 他们的眼神明亮、态度积极。
- 他们看起来快乐、满足。
- 他们会看着你的眼睛说话。
- 他们会挺直站立，保持良好的姿势。
- 他们看起来很健康。
- 他们保持干净整洁的形象。
- 和你在一起时，他们表现得很自在。

而被动的人通常看起来很胆小。他们通常不会直视他人的眼睛，经常会低头，让人看起来不太舒服，他们经常无精打采或耷拉着肩膀，似乎精力不足。

那些表现得有攻击性的人通常看起来更吓人，他们会紧盯着你，过于靠近你，或者让你觉得想要远离他们。

For you 你要做的

在这些方框里，分别粘贴一些看起来是自信型、被动型、攻击型的人的照片。你可以从旧杂志或报纸上剪下来，或者用别人不想要的旧照片，在剪下这些照片之前一定要征得对方的同意。如果你没有任何照片可以剪，那就自己画吧！

自信型人的样子

被动型人的样子

攻击型人的样子

更多你要做的

重新阅读关于什么是自信的资料。站在镜子前或者另一个人面前，练习用你的表情和身体表现出自信的样子。

- 面带微笑。
- 挺直站立，保持良好的姿势。
- 收下巴，保持端正。
- 放松肌肉，平复心情。
- 看着对方的眼睛。
- 在脑海中重复一个积极的想法来帮助你感觉自信。

看到这样的自己，写下你内心的感受。

接下来，改变你的状态，假装你是被动的人。

- 收起你的笑容。
- 肩膀稍微下垂一点。
- 放低你的下巴。
- 眼睛向下看。
- 想一些关于自己的消极想法。

看到这样的自己，写下你内心的感受。

接下来，改变你的状态，假装你是很有攻击性的人。

- 露出敌意的表情。
- 绷紧你的肌肉。
- 刻薄地瞪着眼睛。
- 抬高你的下巴。
- 身体前倾，就好像你要找人打架一样。
- 对面前的人表现出愤怒。

看到这样的自己，写下你内心的感受。

现在恢复到自信的状态。闭上你的眼睛，感受一下身体保持自信姿势的感觉。当你想让自己和他人都感觉良好时，尝试保持这样的姿态。

Activity 10

活动 10　积极的态度

· 你要知道 · 当你选择拥有积极的态度时，你在任何情况下都会看到自己和他人的优点。你期待一个好的结果，并且你的行为方式将会促成这个结果。这种方法会让你感到自信而非害怕，并给你自信行事的勇气。

安玛丽每天都希望有人能注意到她有多孤独并邀请她一起玩。但似乎没有人注意到她，只有安玛丽的老师问她："你为什么一个人坐着？"安玛丽回答说："因为我最好的朋友搬家了，其他孩子都不想和我玩。"

"如果你一直这样告诉自己，你就永远交不到新朋友了，我认为是时候改变你的思维方式了，让我们把你现在的想法写下来。"她的老师说。安玛丽的想法是这样的：

- **我太害羞了，不敢交新朋友。**
- **没有人愿意和我成为朋友。**
- **我再也不会有更多的朋友了。**
- **我不知道该对别人说什么。**

"这些想法都是消极的，怎样改变这些想法，让它们变得积极呢？"安玛丽的老师问。安玛丽想了想，重新写下了她的想法。

- **我并不羞于结交新朋友。**
- **很多孩子都想和我成为朋友。**
- **我会交到新朋友。**
- **我知道该和别人说些什么。**

"当你看到自己第一次列出的想法时，你有什么感觉呢？"老师问。

"我心情不好，感觉很难过。"安玛丽回答。

"当你看到自己第二次列出的想法时，你有什么感觉呢？"

"我对自己很满意，很期待能认识一些新朋友。"安玛丽说。

"那么，把那些积极的想法放在你的头脑里，去交一些朋友吧！"老师说。

For you 你要做的

下面图片中的孩子正在思考一些消极的想法，这些想法让他们感觉很糟糕，很难表现得自信。请帮助他们调整态度，在空白处写下新的积极的想法。

我画这幅画真的需要一些帮助，但我知道大卫不会帮我的，他正忙着帮助莎拉。

我现在什么事都没有，但即使是这样，那些女孩也不愿意找我玩。

For you 更多你要做的

想一想有哪些你想做但是因为消极想法一直不敢尝试的事情，把它们写下来。例如，你想成为班长，但是害怕竞选失败；你想打垒球，但是怕打不好……

当看到这些想法时，你有什么感觉?

现在回过头来，把消极的想法一个一个地划掉，写出新的积极的想法来替代它们。

请大声读出新的积极的想法。你现在感觉怎么样？

请写下把消极想法转变为积极想法的困难之处。

请写下把消极想法转变为积极想法的激动人心之处。

Activity 11

活动 11　试一次，再试一次

· 你要知道 · 成功往往不是一件容易的事情。在追求成功的过程中，我们通常会面临各种挑战和困难，在真正成功之前往往要尝试很多次。通过不断尝试，我们可以积累经验并找到正确的方法。我们即使偶尔犯错误，也要坚持下去并从中学习。这种积极的态度，能够帮助我们在实现目标的过程中，保持稳定、良好的情绪。

罗斯先生正在给五年级的学生上一堂如何成功的课。他向学生们强调成功的关键之一是在努力实现目标的同时，保持愿意尝试、再尝试、再一次尝试的态度。无论面临多少失败或挑战，只要坚持不懈地尝试，就有可能取得成功。

“但我厌倦了尝试！”丹尼尔说。

“是的，当我不断犯错时，我感到很沮丧。”卡琳娜说。

“好吧，孩子们，如果你们不继续努力，就可能错过人生中的许多成就。还记得发明电灯的托马斯·爱迪生吗？据说托马斯·爱迪生至少尝试了1000次才最终成功。如果他在尝试了50次、500次或者800次后因为疲劳或气馁而停止尝试，他就不会成功。”罗斯先生回答说。

“我想我应该在体育课上继续努力，争取成为一个好的投篮手。”丹尼尔说。

“我想我应该继续努力，提升拼写能力。”卡琳娜说。

“没错，如果一开始你没有成功，那就努力，再努力。气馁和放弃意味着你肯定不会实现目标，但继续尝试意味着你还有成功的机会。当我们最终成功时，无论经历了多少次尝试和挫折，我们都会感觉非常良好。这种喜悦不仅来自于我们取得的成功，更来源于我们坚持不懈的毅力和决心。”罗斯先生说。

For you 你要做的

下面的图片展示了人们在第一次尝试时没有成功的其他发明。通过一次又一次的尝试，它们才被创造出来。在每幅图片的右侧横线上注明其名称。同时，请想象一下，如果它们的发明者因为一两次失败就放弃尝试，那么世界将会有何不同。

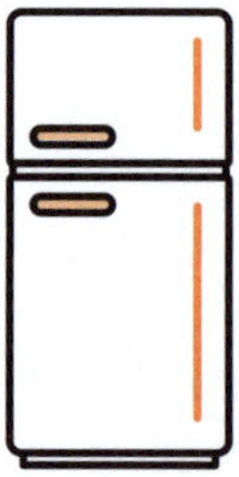

更多你要做的

想想你出生以来学会做的所有事情，并在这里列一个清单。写下你取得的每一项大大小小的成就。你的清单可以涵盖任何事情，可以包括学习、吃饭、说话、运动等。

现在，在你第一次尝试就取得成功的成就旁边画一颗星。在你需要通过尝试、再次尝试才能获得的成就后面加上两个 T(“TT”)。

Idea 如果你因为一次失败的尝试而放弃做某件事情，会发生什么呢？

Share 在你列出的清单中圈出你最引以为傲的成就。说说你对取得这一成就的感受。

Idea 有时候，坚持自己的想法是需要勇气的。也许你认为自己做不到，也许你尝试过，但第一次没有成功。请写下你在做某件事时如果感到气馁并停止尝试，会发生什么。

Idea 请写下如果你再试一次，会发生什么。

Activity 12

活动 12　设定小的、可实现的目标

·你要知道· 成功的最好方法是设定自己能够实现的小目标。当你设定的目标太高或太难时，你会容易气馁，想要放弃。实现小目标会让你感觉良好，也会给你自信行事的力量。

康纳想为他的“飞行历史”项目采访十位著名的航空公司飞行员。他还计划为每次采访制作一架具有历史意义的飞机模型。他的历史老师说这是个好主意，但老师不知道这是否可行。于是，康纳开始在网上搜索，查到了一些飞行员的名字，但当他得知许多飞行员住得很远，或者找不到联系方式，甚至其中两名飞行员已经死亡时，便感到很沮丧，想要放弃。康纳的母亲说他设定了一个不切实际的目标，她帮助康纳重新整理计划，最终康纳决定制作三架飞机模型，并为驾驶对应飞机的飞行员写一些简短的传记。最终，“飞行历史”项目完成得很好，康纳感到很高兴。

杰丝敏要做一个科学项目。她想制作一个电动的太阳系模型来展示行星是如何围绕太阳旋转的。杰丝敏的爸爸会电工，答应帮助她，但是当杰丝敏告诉爸爸明天就是截止日期的时候，爸爸告诉她必须重新制订目标，她现在的目标实在太大了，一天的时间根本就来不及完成这么复杂的项目。于是，杰丝敏决定用粘在木棍上的泡沫塑料球展示行星。她把涂画好的球黏在棍子上，既做出了令人满意的模型，又能准时上床睡觉。杰丝敏实现了自己的目标，她感到很高兴。

For you 你要做的

阅读下面描述的三种情况。帮助艾丽莎和埃文选择适合的、可实现的目标，让他们不会感到沮丧。请划掉过大的目标，圈出较小的、可以实现的目标。在每个目标下面写出如果孩子要实现目标，最终会发生什么。

艾丽莎想交朋友。

☐ 邀请全班同学到她家参加聚会。

……………………………………………………

☐ 对看起来友好的人微笑并打招呼。

……………………………………………………

☐ 把球带到操场上，请别人跟她玩接球游戏。

……………………………………………………

☐ 给班上的每个孩子都带礼物。

……………………………………………………

☐ 和在自助餐厅排队的人交流，询问对方能不能共进午餐。

……………………………………………………

埃文想成为一名优秀的篮球运动员。

- [ ] 要一个篮球作为他的生日礼物，这样他就可以开始练习了。

- [ ] 放学后和其他想打篮球的孩子一起玩。

- [ ] 询问教练他是否能马上加入球队。

- [ ] 加入一支由曾经是职业球员的成年人组成的队伍。

- [ ] 每周练习投篮三次。

For you 更多你要做的

想想你明年想要完成的事情。把你的目标写在下面，然后写一些有助于你完成大目标的小目标。例如，你的目标是学会游泳，那么小目标可以是问问父母你是否可以上游泳课。

我的目标是：........................

一些小目标是：..

想想你在青少年时期想要完成的事情。把你的目标写在下面，然后写一些有助于你完成大目标的小目标。

我的目标是：........................

一些小目标是：..

想想你在长大后想要完成的事情。把你的目标写在下面，然后写一些有助于你完成大目标的小目标。如果你不确定如何实现这个目标，可以向成年人寻求帮助。

我的目标是：........................

一些小目标是：..

说说当你实现这些目标时，你会有什么感觉？

....

Activity 13

活动 13　为自己做事

· 你要知道 · 当你为自己做事时，你就是独立的。独立做事能够让你感觉良好，帮助你恢复内心的力量和自信。通过为自己做事，你能更加自信地走向成功。

在不同的年龄，人们可以为自己做不同的事情。小婴儿在很多事情上都需要帮助，需要有人给他们喂饭、洗澡、拍嗝、换尿布。到了上小学的时候，孩子已经学会独立做很多事情了。他们可以自己穿衣服、刷牙、洗澡、读书、玩游戏，并在学校学习。他们还可以学习骑自行车、游泳和唱歌。

有时候我们假装自己还是小孩子，让父母替我们做事情，这是一种美好的感觉。当你感觉不舒服时，你可能希望父母给你盖上毯子，给你端上橙汁或他们亲手做的鸡汤，这样被照顾和被爱的感觉真的很温暖。但自力更生的感觉也很好，你会发现自己能做的事情比你想象的更多。学会独立行动时，重要的是要知道哪些事情是安全的，哪些事情是不安全的。同时，你还必须遵守父母制定的规则。

变得独立意味着你在成长，越来越聪明和强大。你能为自己做的事情越多，你就会感觉越好。

For you 你要做的

画出你已经学会并引以为傲的事情，并给你的作品起一个题目。

画出你希望有一天能学会做的事情，并给你的作品起一个题目。

For you 更多你要做的

在每项活动的旁边，写下你学会做这件事情时的年龄。如果你不记得了，可以向父母求助。

用勺子吃饭................

自己走路................

扔球................

自己系鞋带................

自己阅读................

写下你的名字................

使用电脑................

滑滑梯................

荡秋千................

打棒球................

在每一项活动旁边，写下你认为自己学会做这些事情时的年龄。如果你不知道如何预估，可以向父母求助。

独自生活................

开车................

使用 ATM 机................

在全国选举中投票................

在商店当收银员................

请写下你学会做的最简单的事情是什么。为什么这么容易?

当你学会做这件事情的时候，自我感觉如何?

请写下你学会做的最难的事情是什么。为什么这么困难?

当你学会做这件事情的时候，自我感觉如何?

Activity 14

活动 14　关于你的一切

· 你要知道 · 你是特别的，和其他人都不一样。没有人和你拥有一样的思想、感情、骨骼和肌肉。发现那些让你独一无二的东西可以帮助你拥有强大的内心，从而能够自信地行动。

下面的图片展示了一些只属于你自己而不属于别人的东西。

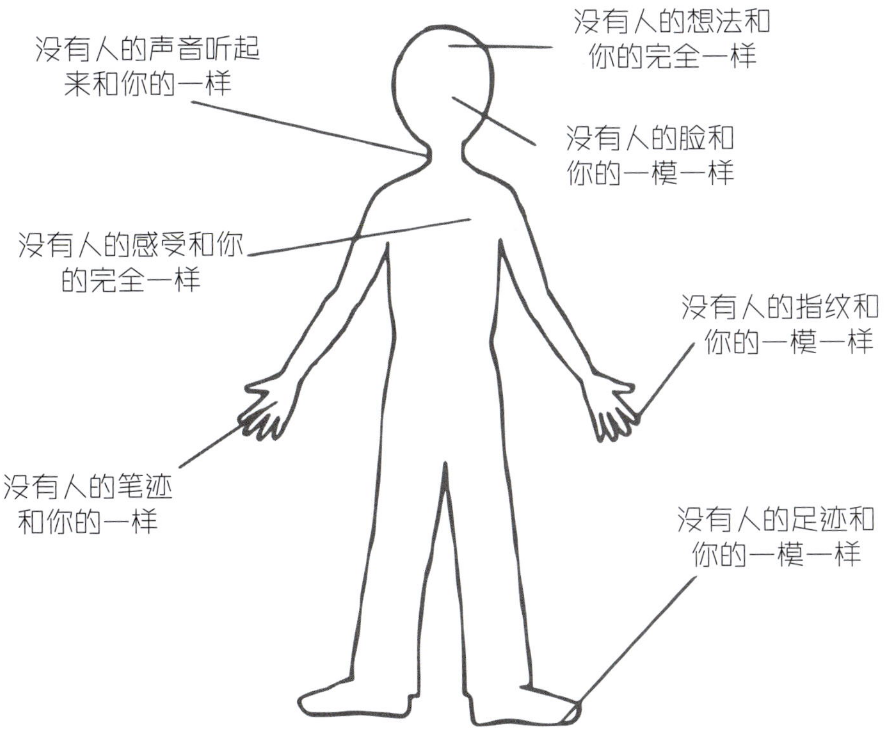
没有人的声音听起来和你的一样
没有人的想法和你的完全一样
没有人的脸和你的一模一样
没有人的感受和你的完全一样
没有人的指纹和你的一模一样
没有人的笔迹和你的一样
没有人的足迹和你的一模一样

For you 你要做的

假设你正在写一个关于你自己和你生活的短篇故事，请在空白处填上和你相关的信息。

从前有个孩子，名叫__________，出生在__________，住在__________。他 / 她有__________个姐妹和__________个兄弟。和他 / 她一起生活的家人还有__________。__________最喜欢的颜色是__________，他 / 她最喜欢的食物是__________，他 / 她最喜欢的玩具是__________。他 / 她很擅长__________，他 / 她在__________学校上学。他 / 她最喜欢的科目是__________，最不喜欢的科目是__________。他 / 她最好的朋友是__________，他 / 她最喜欢的老师是__________。课余时间，他 / 她的兴趣爱好是__________。当他 / 她去度假时，他 / 她最喜欢去的地方是__________，因为______________________________。

他 / 她经历过的最开心的事情之一是__________，他 / 她经历过的最艰难的事情之一是__________，当他 / 她长大了，他 / 她想从事的职业是__________，他 / 她想成为这样的人是因为

____

____。

在下面的方框中，画一幅你的自画像来搭配你写的故事。想想你看起来和别人不一样的地方，在画中把你独有的特点展示出来！

更多你要做的

- 前面的故事除了讲到你自己，还会和别人有关吗？为什么？

……………………………………

……………………………………

想想你对自己的了解，然后回答这些问题。

你的头发有多长？……………………

你有多高？……………………

你哪里怕痒？……………………

你通常穿什么样的衣服？……………………

你放学后喜欢做什么？……………………

你喜欢在周末做什么？……………………

你喜欢在夏天做什么？……………………

你喜欢在冬天做什么？……………………

你最喜欢和谁在一起？……………………

你最喜欢的户外运动是什么？……………………

你最喜欢的室内运动是什么？……………………

你最喜欢的书是什么？……………………

你最喜欢的电视节目是什么？……………………

如果你可以许三个愿望，你会许什么愿望？

1 ....

2 ....

3 ....

除了上面的问题，你还了解自己的哪些方面？请写出来。

....

....

....

....

Activity 15

活动 15　你的价值观

· 你要知道 · 做一个好人意味着什么，每个人都有自己的看法，这些看法被称为价值观。当我们决定如何说话或如何行动时，通常会遵循自己的价值观。确定自己的价值观可以帮助你了解自己。自信行事通常也包括坚持自己的价值观。

马克斯和山姆都参加了夏令营，他们的领队正在教导他们活动期间应当遵守的规则。“为什么有这么多的规则？”马克斯问。“这些规则基于我们这次夏令营的主题和我们想要传递的价值观，价值观是我们相信的标准，帮助我们以积极的方式行事。我们的价值观指引我们做出每一个决定。”领队解释说。“例如，山姆，如果你看到一个残疾人过马路时需要帮助，你会怎么做？”领队问。“我会帮助他的。”山姆说。“为什么？”领队问。“因为这是件好事。”山姆回答说。“所以善待他人一定是你的价值观之一。”领队说。“是的。”山姆同意道。

“我明白了，所以打扫房间是我妈妈的价值观之一！”马克斯说。“差不多吧，也许她注重整洁和秩序。那你呢，马克斯？”领队问。马克斯说：“嗯，如果我不打扫房间，房间会变得很糟糕。我想我也很重视整洁，我只是不希望被迫打扫自己的房间。”“听起来你也很尊重你的父母，你可能不喜欢打扫房间，但你这样做是因为你妈妈要求你这样做。这意味着尊重也是你的价值观之一。家庭、学校、团体、社区和国家都有规则。如果你不喜欢某条规则，可以尝试有序地改变它，而不是违背它。”领队说。

For you 你要做的

下面这些词语代表了人们可能看重的行为方式。阅读每一项并判断你是否看重它。如果是，在它旁边打√。如果你不知道其中某个词语的意思，请一个成年人解释给你听。

- ☐ 诚实
- ☐ 乐于助人
- ☐ 善良
- ☐ 勇气
- ☐ 整洁
- ☐ 忠诚
- ☐ 服从
- ☐ 礼貌
- ☐ 友好

你还具备其他上述没有提到的价值观吗？如果有，请写在这里。

……………………………………………………

说出在每一种情况下你会怎么做，然后说说你的哪些价值观帮助你做出了决定。

课间休息时，你在操场上和同学们玩耍。一个刚加入你们班的新同学独自站在学校门口。她看起来很孤独。你会怎么做？你的哪些价值观帮助你做出了决定？

……………………………………………………

……………………………………………………

你和弟弟在玩枕头大战。你扔出枕头，不小心打碎了一盏灯。父亲听到撞击声走了进来。弟弟手里拿着枕头所以看起来是他弄坏了灯，而不是你。父亲很生气，对弟弟说：“这几天你什么都不许玩！”你会怎么做？你的哪些价值观帮助你做出了决定？

更多你要做的

我们可以通过自信的行动来捍卫自己的价值观。阅读这个故事并回答后面的问题。

梅格和她的朋友艾米在商店里。两个女孩想要一包口香糖，但她们都没有钱。梅格穿着一件有大口袋的夹克。艾米说：“把口香糖放进你的口袋里，没人会知道的。”梅格不想这么做，因为偷窃违法，是不诚实的行为。她坚持自己的价值观，告诉艾米：“不，我不会那样做的。我诚实守信，遵纪守法。”艾米说梅格是胆小鬼，两个女孩都离开了商店。

梅格的价值观是什么?

你觉得梅格捍卫自己的价值观容易吗?

艾米叫梅格胆小鬼时，你觉得梅格会有什么感觉?

你觉得梅格捍卫了自己的价值观之后会有什么感觉?

Activity 16

活动 16　了解你的感受

· 你要知道 · 人们有许多不同的感受。认识和理解自己的感受是了解你是谁、你喜欢什么和不喜欢什么、你想要什么和不想要什么的前提之一。当你真正认识和理解自己的感受时，你就能更加自信地行事。

“我很困惑，我觉得内心很纠结。”布莱恩说。“听起来像是你同时有很多不同的感受。”他的辅导员玛戈说。然后玛戈指着墙上的一幅鱼缸画问布莱恩:“鱼缸里鱼的颜色、图案、形状和大小都不一样，你看看里面有多少种不同的鱼？”“太多了，一次看不完。”布莱恩说。“是的，就像你的感受一样。但是一旦你仔细观察并更好地了解它们，它们就不会让你那么困惑了。”玛戈说。

“让我们来看看这些象征着你的感受的鱼。”玛戈说着，把一张色彩鲜艳的纸放在布莱恩面前。纸上画着许多不同的鱼，每条鱼的身上都写着不同的感受。“仔细阅读它们身上的字，看看你是否能找到你的内心感受。”玛戈说。布莱恩按照她的建议做了，然后指着四条不同的鱼，他们分别被贴着“愤怒”“难过”“高兴”“紧张”的标签。“很好，现在告诉我，你为什么会有这样的感受。”玛戈说。

“我感到愤怒，因为这个学期结束的时候我的成绩单上有一个低分。我感到难过，因为学校放假，我就见不到我的朋友了。我感到高兴，因为我要去露营。我感到紧张，因为明年将迎来新的学期，我不知道会发生什么。”布莱恩说。

“做得好，你还觉得困惑吗？”玛戈问。“不，现在我知道我有四种不同的感受，它们在我心里纠缠在一起。”布莱恩回答道。

For you 你要做的

给每条“感受鱼”涂上不同的颜色。完成后，圈出那些能够表达出你五种感受的鱼。然后在横线上写下你为什么会有这样的感受。

For you

更多你要做的

写下你最喜欢的五种感受。

1. ....
2. ....
3. ....
4. ....
5. ....

写下你最不喜欢的五种感受。

1. ....
2. ....
3. ....
4. ....
5. ....

写下所有你不理解的关于感受的词语。然后查字典或向成年人请教这个词语的意思，并把意思写在感受的旁边。

....

....

Activity 17

活动 17　管理你的感受

· 你要知道 · 视觉、听觉、触觉、味觉和嗅觉可以向你传达外部世界的信息。你的感觉可以向你传达内心世界的信息。知道如何管理自己的情绪感受可以帮助你照顾好自己，满足自己的需求。当你知道如何以健康的方式管理感受时，你会对自己更有信心。

学校的社工约翰逊夫人正在和雅各布的班级谈话。“谁能告诉我今天的感受？”她问。

“快乐！”雅各布说。其他学生则说出了另外五种感受：兴奋、孤独、无聊、失望和沮丧。

“干得好，你刚刚完成了管理感受的**第一步**，那就是为它们命名。**第二步**是接受你的感受。你感受到兴奋、孤独、无聊、失望、沮丧或其他任何感觉，都是合理的。”约翰逊太太说。

“**第三步**是表达你的感受，这样它们就不会被憋在心里，让你痛苦。但你必须用合理且安全的方式释放感受。有什么合理且安全的方式可以释放感受呢？”约翰逊太太接着问。

“找个人谈谈。”雅各布说。“哭。”另一个学生说。

“很好！那什么是释放感受的不合理的方式呢？”约翰逊太太说。

“做一些会伤害自己的事情。”有人说。

“又对了。接下来**第四步**是决定如何照顾自己。我们可以靠自己的力量，也可以寻求帮助。如果你感到悲伤，你要怎样照顾好自己呢？”约翰逊太太问。

一个孩子说：“试着解决一切让你难过的事情。”

“对，你可以怎样请求帮助呢？”约翰逊太太问。

“向妈妈要一个拥抱。”雅各布说。

“好主意！看来你们已经学会这四个步骤了。记住，你们也可以把这些步骤应用到其他感受上。”翰逊太太说。

你　要　做　的

闭上眼睛，用手随机指圆圈上的地方，选出一种感受。睁开眼睛，看看指向的感受是什么，然后填写在表格里。重复这个游戏，直到把所有感受填进表格里。

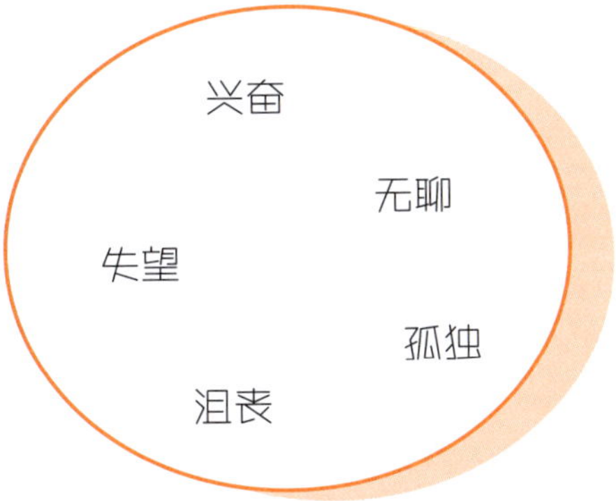

感受的名称	表达感受的安全方式	如何照顾好自己

更多你要做的

For you

你能想到哪些难以形容的感受?

你能想到哪些难以接受的感受?

你觉得哪些感受很难以合理平静的方式表达出来?

你觉得哪些感受会妨碍你照顾好自己?

当你在管理自己的感受时，如果需要帮助，请写下三个你可以寻求帮助的人。

描述一个你了解到的某人能管理好自己感受的例子。写下那个人的名字、感受，以及他做了什么。

描述一个你了解到的某人不能管理好自己感受的例子。写下那个人的名字、感受，以及他做了什么。

Activity 18

活动 18　保持冷静

· 你要知道 · 学会保持冷静是你可以做的最重要的事情之一，这会让你以一种健康的方式管理自己的情绪感受，并照顾好自己。内心的平静可以帮助你自信地行事，维护自己的权利，并尊重他人的权利。

格蕾丝似乎做每件事都会心烦意乱。牛仔裤上的纽扣掉了，她的狗不想坐在她的腿上等事情都会让她感到不安。若是她的狗失踪两天，妈妈要去医院检查，还会让她更加沮丧。

格蕾丝的父母非常担心。对于重大事件感到不安似乎是正常的，但是格蕾丝对所有事情都感到心烦意乱。尽管他们试图让格蕾丝冷静下来，但她似乎做不到。这使得她变得更加心烦，因为她无法平静下来。

最终，格蕾丝的母亲为她预约了一家专门治疗焦虑症的诊所，那里的咨询师帮助人们学会如何平复情绪并保持冷静。咨询师向格蕾丝解释，她可以采取多种措施来帮助自己保持内心的平静。比如，她可以采取预防措施，无论发生什么事情，每天都让自己保持平静。同时，她也可以采取干预措施，在遇到让她心烦意乱的事情时帮助自己冷静下来。咨询师告诉她，许多容易焦虑的人通过学习这些放松技巧得到了帮助。了解到这一点，格蕾丝感觉好多了。

在接下来的几个月里，格蕾丝每周定期去焦虑症诊所两次。当她开始感到心烦意乱时，她学会了三种有益的方法。

1. 深呼吸，慢慢放松下来。

2. 把注意力集中在能够令自己感到平静的事情上，而不是感到紧张的事情上。

3. 改变想法，帮助自己冷静下来。

格蕾丝还学会了每天花 15 分钟进行正念活动的练习。随着她不断实践这些技巧，她对小事感到不安的情况发生得越来越少了。当面临重大事件时，她也能够尽可能保持冷静，处理得非常出色。

For you 你要做的

在左边的方框里，画一幅图来描绘格蕾丝因为冰淇淋蛋筒掉了而心烦意乱的情境。然后选择一种她在焦虑症诊所学到的技巧。在右边的方框里，画一幅图来描绘格蕾丝用这种技巧让自己平静下来的情境。

For you 更多你要做的

你可以尝试格蕾丝使用的放松练习。请尝试以下练习，观察它们对你的感受产生的影响。如果你每天坚持练习，即使没有什么大事发生，你也能够每天保持平静。当面临重大事件时，如果你经常练习这些技巧，它们也会自然而然地帮助你。

深呼吸

在你尝试这个练习之前，关注你感到紧张或压力的程度。根据下面的量表给你的紧张或压力程度评级。在量表上对应的位置标注“A”。

1　2　3　4　5　6　7　8　9　10

完全平静　　　　　　　　　　完全紧张

安静舒适地坐着，闭上眼睛。专注于你的呼吸，气息会通过你的鼻子或嘴巴进进出出吗？它会经过喉咙进入你的肺部吗？感受气息的路径，现在试着让你的气息深入到你的身体里。当你吸气时，让气息进入你的肺部，然后再深入至腹部。当你呼气时，专注于把所有的气体都排出体外。不要强迫自己，只需要轻轻地试着更深入地呼吸。当你这样做的时候，你的呼吸会自然变得缓慢。请尝试练习几分钟这种可以让人放松的呼吸练习。

当你完成呼吸练习后，再来通过量表评估一下你的紧张或压力程度。这次在量表上对应的位置标注“B”。

描述一下你做这个练习时有什么感觉。

如果你的紧张程度从第一次到第二次发生了变化，请写下为什么会发生这种变化。

专注于平和的事情

在开始之前想想最近让你心烦的事情，思考一下这种情况令你感到紧张的程度。然后在量表上对应的位置标注“A”。

1 2 3 4 5 6 7 8 9 10

完全平静　　　　完全紧张

现在再次闭上眼睛，想一些平和或愉快的事情，可能是一些美丽的自然事物或你曾经历过的一项让你感到平静的活动。

当你完成后，再次关注你的紧张程度。在量表上对应的位置标注“B”。

描述一下你做这个练习时有什么感觉。

……………………………………………………………………

如果你的紧张程度从第一次到第二次发生了变化，请写下为什么会发生这种变化。

……………………………………………………………………

改变思维方式

在开始之前想想最近让你心烦的事情。闭上眼睛，把注意力集中在这种情况下可能会发生的消极的事情上。想想坏的、你不喜欢的，或者你认为错误的事情。花一两分钟想想这些消极的事情，然后关注你的紧张程度，并在量表上对应的位置标注“A”。

1 2 3 4 5 6 7 8 9 10

完全平静 完全紧张

现在，再次闭上眼睛，改变你的思维方式，把注意力集中在这种情况下可能发生的积极的事情上。想想好的、你喜欢的，或者你认为对的事情。花一两分钟的时间专注于这些积极的事情，之后再次关注你的紧张程度，并在量表上对应的位置标注“B”。

描述一下你做这个练习时有什么感觉。

如果你的紧张程度从第一次到第二次发生了变化，请写下为什么会发生这种变化。

如果你经常感到焦虑，可以想一个合适的时间，每天花 15 分钟进行这些练习。如果不知道应该选择什么时间，可以请父母或其他成年人帮助你。

下次再有某件事让你感到心烦意乱时，试着用这些放松练习来帮助你平静下来。

Activity 19

活动 19　控制你的愤怒

· 你要知道 · 当你生气的时候，理性地说话或行动是非常困难的。愤怒的情绪通常会让你难以清醒地思考，难以做出明智的决定。学会用合理且安全的方式发泄愤怒是很重要的，这样你才能自信地行事。

欧文一遍又一遍地告诉他的弟弟约瑟夫，不要碰他的模型车，只有欧文在场的时候他才能玩。现在，约瑟夫第三次弄坏了他的模型车。欧文气冲冲地冲出房间，声嘶力竭地喊道：“约瑟夫！”

欧文的母亲闻声过来，看看出了什么事，她对欧文说：“欧文，你看起来要气炸了。来，坐到妈妈旁边。”

“我不想！我想把约瑟夫所有的玩具都摔碎，就像他弄坏我的一样！”欧文喊道。

“现在停下来，试着深呼吸。”他妈妈说。欧文不想听妈妈的话，但他知道妈妈是对的。于是，他坐下来，慢慢地深吸了一口气，然后又吸了一口气。他感到愤怒的情绪正在离开他的身体。“告诉我发生了什么事。”妈妈说。当欧文跟妈妈讲述前因后果时，他感到愤怒的情绪又回来了。当妈妈发现他又生气时，说：“出去投篮吧，等你怒气消了再进来。然后我们再谈谈发生了什么。”

欧文听了妈妈的话，带着篮球出去了。冷空气让人感觉很好。他一个接一个地投篮，投丢了很多球，但他不在乎。过了一会儿，他不再生气了，于是回到屋里找妈妈。“现在你已经用一种合理且安全的方式发泄了你的愤怒，我们可以谈谈该怎么做了，你有权维护自己，但你也必须考虑到你弟弟的权利。除非你合理且安全地把愤怒发泄出来，否则你不可能把这两件事想清楚。”妈妈说。

For you

你　要　做　的

下面这些表述列举了发泄愤怒的一些方式。请在合理且安全的方式旁边画一张笑脸，在不合理的方式旁边画一张皱眉的脸。

袭击动物

跑进一条喧闹的街道

深呼吸

写下或画出你的感受

扔枕头

在室内投球

在健身房跑步

把书扔在地上并用力踩

屏住呼吸

说“我很生气”

在墙上涂鸦

数到十

对另一个人大喊大叫

快节奏地跳舞

打人

跳远

在沙发上跳来跳去

把球扔出去

向某人吐口水

飞快地骑自行车

For you
更多你要做的

篮球场是一个能安全发泄愤怒的好地方，但它不是唯一的地方。说说你如何在下面这些地方合理且安全地发泄愤怒。试着为每个地方想出四种活动。

你家后院

1. ……
2. ……
3. ……
4. ……

你的卧室

1. ……
2. ……
3. ……
4. ……

公园

1 ……

2 ……

3 ……

4 ……

美术室

1 ……

2 ……

3 ……

4 ……

Idea 为什么你认为合理且安全地发泄愤怒是很重要的?

……

……

Activity 20

活动 20　选择真正的朋友

·你要知道· 当你选择喜欢你真实模样的朋友时，你会感觉良好。当你选择那些只在你努力成为他们想要的样子时才喜欢你的朋友，你会感到沮丧和困惑。结交喜欢你真实样子的朋友会帮助你自信地行事。

尼克总觉得自己夹在了两群孩子中间。他既想和那些非常受欢迎的孩子交朋友，当他和他们在一起时，他觉得自己很酷。同时，他又想和那些为人友善但不那么受欢迎的孩子交朋友，当他和他们在一起时，他感到轻松自在，有很多乐趣。他每天都在思考应该和谁一起吃午饭。如果他选择和受欢迎的孩子一起吃午饭，他就会讲一些自己不太喜欢但那些孩子认为很有趣的笑话。他们会笑着说他很酷，然后他也觉得自己很酷。他经常和那群受欢迎的孩子谈论棒球，尽管他其实并不喜欢，他为了加入他们的对话，只能假装喜欢棒球。

如果他选择和不那么受欢迎的孩子们一起吃午饭，他会讲一些自己真正喜欢的笑话，甚至有些笑话是他自己编的。他们会和他一起笑，这时尼克的笑是真实的。他们会一起谈论足球。尼克喜欢足球，这些孩子也喜欢。如果和这些不那么受欢迎的孩子一起吃午饭，尼克知道他会收获很多乐趣，但他不会觉得很酷。

尼克端着午餐托盘站在那里非常为难，这时管理员亚当斯先生向他走来。

“看来你陷入了困境。”亚当斯先生说。

“是的。”尼克把自己遇到的问题告诉了亚当斯先生。

“当你和那些更受欢迎的孩子们在一起时，你表面上觉得很酷，但你内心感觉如何？”亚当斯先生问。

“一点也不好。”尼克想了一会说。

“为什么？”亚当斯先生问。

尼克解释说："因为，我知道那些孩子喜欢的是我假装出来的样子，他们并不喜欢真实的我。"

"那当你和另一群人在一起时，你的内心有什么感觉？"亚当斯先生问。

"棒极了！因为他们了解真实的我，并且喜欢真实的我。在他们面前我不需要伪装。"尼克说。

"听起来你的问题已经解决了。只要你想清楚，你追求的是表面感觉很好，还是内心深处感觉很好就可以了。你可以选择喜欢你真实样子的朋友，也可以选择喜欢你伪装样子的朋友。祝你好运，尼克！"亚当斯先生说。

For you 你要做的

你认为尼克会选择和谁共进午餐呢，为什么？

你有没有为了让别人喜欢你而不表现出真实自己的经历？请在第一个方框里，画出你真实的样子，可以展示你喜欢的衣服、发型、表情，以及你常说的话。在图画旁边，写下当你展示出真实的自己时，与你交朋友的人的名字。

真实的我

你最喜欢的运动是什么?

你喜欢在星期六做什么?

你喜欢读书吗?

你最喜欢哪家餐厅?

你喜欢在放学后做什么？

对你来说取得好成绩重要吗？

请在第二个方框里，画出你伪装出来的样子，可以展示你喜欢的衣服、发型、表情，以及你常说的话。在图画旁边，写下当你展示出伪装的自己时，与你交朋友的人的名字。

伪装的我

你最喜欢的运动是什么?

你喜欢在星期六做什么?

你喜欢读书吗?

你最喜欢哪家餐厅?

你喜欢在放学后做什么?

对你来说取得好成绩重要吗?

For you 更多你要做的

- 当你真实做自己的时候，说说你内心的感受。

……………………………………………………………………

……………………………………………………………………

- 当你伪装自己的时候，说说你内心的感受。

……………………………………………………………………

……………………………………………………………………

- 为什么有时候你想伪装自己？

……………………………………………………………………

……………………………………………………………………

- 列出那些喜欢你真实样子的朋友。

……………………………………………………………………

……………………………………………………………………

请写下你和这些朋友在一起时的感受。

列出你认为真实做自己的朋友。

列出你认为进行了自我伪装的朋友。

Share 在以上两类朋友中，你更喜欢和哪一类朋友在一起？为什么？

Activity 21

活动 21 为自己的行为负责

· 你要知道 · 对自己的行为负责意味着无论结果如何，你都有勇气承认自己的行为。如果你的行为是正确的，你可以为此庆祝。反之，你可以从中吸取教训。为自己的选择和行为负责可以帮助你建立信心。

格雷曼夫人注意到玛德琳和里亚在考试时互相交流，所以要求她们考试后留下来。玛德琳既不想惹麻烦，也不想让父母知道。当格雷曼夫人询问时，她坚决否认与里亚进行过交流。她不想说出真相，因为害怕受到惩罚。

里亚同样不想惹麻烦，也不想让父母知道。但当格雷曼夫人询问时，她承认和玛德琳说过话。里亚说她知道不应该这么做，她感到很抱歉，保证以后不会再这样做了。里亚担心自己会受到惩罚，但她知道如果说谎，会惹上更大的麻烦。格雷曼夫人告诉她们，虽然她们描述的情况有差异，但她确实亲眼看到她们在考试时互相交流，甚至她还听到一个同学叫她们安静。格雷曼夫人说她会给她们的父母打电话。

玛德琳的父母表示，玛德琳不遵守考场规则以及说谎都是错误的行为，她需要学会为自己的行为负责，她必须给格雷曼夫人和里亚写一封道歉信。周五放学回家后，玛德琳要待在家里帮忙打扫卫生。玛德琳撅着嘴说她不应该做这些，因为这是里亚的错，不是自己的错。

里亚的父母表示，里亚不遵守考场规则的行为是错误的，但她说出真相的行为是正确的。里亚也表示自己知错了，保证以后不会再犯，她的态度十分诚恳。

For you 你要做的

一群孩子在家里玩球时打碎了一个花瓶。一些孩子发表的言论听起来是在为自己的行为负责，请把这些“对话气球”涂成绿色。一些孩子发表的言论听起来是不想为自己的行为负责，请把这些“对话气球”涂成红色。

是的，我打碎了它。
是他没有接住球。
对不起，我做错了。
我当时不在场。
这不是我的错。
我承认我扔了球。
是她干的，不是我！
我把它打碎了，我会赔偿的。

你认为房子的主人会怎样对待那些勇于承担责任的孩子？

……………………………………………………………………

你认为房子的主人会怎样对待那些不敢承担责任的孩子？

……………………………………………………………………

For you 更多你要做的

Share 请回想一下你曾经犯下错误，却没有及时承担责任，试图将自己的行为归咎于他人的情况。请详细描述一下那时的情况。

……………………………………………………………………

……………………………………………………………………

……………………………………………………………………

如果要你为自己的行为负责，你会担心什么？

请写下在你将过错归咎于别人之后自己内心的感受。

如果你当时为自己的行为负责，可能会发生什么事情？

如果你当时选择为自己的行为负责，而不是逃避责任，你的内心会有什么感受？

Share 详细描述一次别人因为你没有做过的事情而责备你的经历。

……………………………………………………………………

……………………………………………………………………

……………………………………………………………………

请写下你当时的感受。

……………………………………………………………………

……………………………………………………………………

为什么有时候为自己的行为负责会让你感到为难或害怕?

……………………………………………………………………

……………………………………………………………………

Activity 22

活动 22 说“不”的权利

· 你要知道 · 在适当的时候说“不”是表现自信和坚持自我的行为。当你不想做可能伤害到自己的事情或者不正确的事情时，你有权让别人知道。学习和练习说“不”的不同方式，可以让你在想说“不”的时候表现得更自信。

卡尔森警官正在参观克里斯托弗的学校。她正在跟孩子们强调抵制毒品、酒精、香烟以及其他可能对他们有危害的东西的重要性。“你们还应该学会对哪些事情说‘不’？”她问全班同学。

“作弊。”“撒谎。”“偷东西。”学生们踊跃回答。

“很好，你们很懂事。现在，想象一个你非常喜欢的人走到你面前，并且递给你一支烟。也许你一直想和这个人交朋友，也许他是个很受欢迎的孩子，面对他的要求，你觉得很有压力。你知道吸烟会伤害身体，但你也很想和这个孩子交朋友。你会怎么做？”卡尔森警官问。

课堂上安静了片刻。“有时候真的很难拒绝。”克里斯托弗说。“没错，有时候是这样的。这就是为什么我们要在这种情况发生之前进行思考和练习，这样的话，当情况发生的时候，即便你会犹豫，但还是会做出正确的选择。勇敢说‘不’是维护、保护、捍卫自己权利的重要方式。今天我要教你们几种说‘不’的方法，大家可以一起练习。”卡尔森警官说。

卡尔森警官把全班同学分成几个小组，并在黑板上写下几点建议：

1. 使用“不”这个字。

2. 评价某种行为，并明确拒绝。

3. 给出拒绝的理由。

4. 建议做其他事情。

在小组讨论时，学生们想出了遵循上述建议的具体方法。以下是他们的想法。

▶ 使用“不”这个字的方法：“不。”“不，谢谢。”“不，谢谢，我不想。”“不，我不想抽烟。”“不行，你不能拿我的午餐费。”

▶ 评价某种行为，然后表示拒绝的方法：“这是作弊，我不能这么做。”“那是违反规定的，我不打算那样做。”“这个药物会伤害我，我不会那样做的。”

▶ 给出拒绝理由的方法：“不，我不会那么做，我可能会受伤。”“不，我不抽烟，抽烟可能会让我得癌症。”“不，我不想说谎，说谎的感觉很糟糕。”

▶ 建议做其他事情的方法：“不，我不想喝酒。我们为什么不骑自行车呢？”“不，我不想撬开那个孩子的储物柜，但我会和你玩个游戏。”“不，我不想那样做。如果你想做些别的事情，请告诉我。”

克里斯托弗和他的同学们练习了许多大声说“不”的方法。通过这些练习，他们逐渐适应了这些方法，越来越自然地表达“不”。

在活动结束后，卡尔森警官问克里斯托弗：“你现在对说‘不’有什么感觉？”“我感觉很好，我知道当我不想做某件事时，无论谁要求我，我都可以自信大方地表示拒绝。”克里斯托弗说。

For you 你要做的

下图中的孩子被要求做一些他们不想做的事情。请从方框中的句子中选择一个合适的，并将其填写在图片下方的横线上，来帮助他们表达自己的意愿。可能有多个句子适用于图片中的情境，请选择一个你认为最合适的句子。

来吧，会很有趣的。

试一试吧，味道不错。

来吧，拿一个。没人会知道的。

如果你不告诉我答案，我就不和你做朋友了。

这是偷窃，我不
要这么做。

我宁愿打球。

作弊是不对的。

不，我不想要。

这是违法的，而且
对我们的身体不好。

不，谢谢。

我不会那么做，
这是不对的。

不，我不想
惹上麻烦。

For you 更多你要做的

请父母和你一起进行角色扮演，让他们用下面的话提问你，你想一句合适的回答来拒绝。

- 当那个女孩离开座位时，你能拿走她的钱包吗？如果你这么做，我就做你的朋友。
- 我们要试试这些药，你想和我们一起玩吗？
- 你为什么不试试呢？你是胆小鬼吗？
- 来吧，试着喝一点。你不想变酷吗？

描述一个你想说“不”却又难以说出口的情况。

....

....

Idea 和父母谈谈你怎样才能更好地保护自己，并写下怎么做才能让自己变得更强大。

....

....

Activity 23

活动 23　你的权利

· 你要知道 · 人活着就拥有一定的权利，而你自然也不例外。当你了解并理解这些权利时，你就能更自信地捍卫自己的权利了。了解自己的权利有助于你自信地行事，同时也可以让你懂得尊重他人的权利，使你更加自信地应对各种情况。

你知道吗？下面这些权利你都享有：

▶ 受到成年人（如父母或监护人）的照顾和保护。如果你在生活中没有得到食物、衣服、住所、教育和医疗等方面的支持，你有权寻求帮助。

▶ 应该受到尊重，不受身体或情感上的伤害。他人应该善待你，尊重你的感受和身体。

▶ 如果有人要求你做违法或不道德的事情，而你的内心认为事情是不正确的或者会给你带来麻烦，你无需感到内疚或自责，请直接说“不”。

▶ 如果有人无视或试图剥夺你的权利，你有权以合理的方式维护自己。重要的是，你要选择以一种不伤害他人或不忽视他人权利的方式来维护自己的权利。如果你不尊重他人的权利，那么你就是在做别人对你做的事情。

▶ 你可以通过言语和行动来维护自己的权利，可以告诉别人他们的行为侵犯了你的权利，并采取行动保护自己的权利。

For you 你要做的

在每一种可能侵犯你权利的情况旁边将向下的箭头涂上颜色。在每一种不会侵犯你权利的情况旁边将向上的箭头涂上颜色。你可能一开始并不清楚有些问题的答案。如果有不确定的情况，可以在做决定之前与父母讨论一下你的想法。

⇧ ⇩ 你的妈妈告诉你不能吃甜点，因为你没吃蔬菜。

⇧ ⇩ 一个同学问你，是否可以帮助她辅导家庭作业。

⇧ ⇩ 你学校的一个高年级学生告诉你，你必须抽根烟，否则他会拿走你的背包。

⇧ ⇩ 你的爸爸让你打扫房间。

⇧ ⇩ 你的妈妈拒绝给你食物吃，因为她生你的气了。

⇧ ⇩ 你学校的一个高年级学生在你的鞋子里倒了胶水。

⇧ ⇩ 一位老师让你整理教室里的课桌。

⇧ ⇩ 一个同学偷了你的作业，然后把他的名字写在封皮上并且交给老师。

⇧ ⇩ 一位朋友让你帮忙向她的父母撒谎，隐瞒她去了哪里。

⇧ ⇩ 一个朋友向你借马克笔。

⇧ ⇩ 一个学生说，除非你把午餐费给他，否则他不会让你上校车。

更多你要做的

Share 描述一次你轻松维护自己权利的经历。

……………………………………………………

描述一次你艰难维护自己权利的经历。

……………………………………………………

描述最近发生的让你觉得自己权利受到侵犯的事情。

……………………………………………………

告诉一个成年人发生了什么，如果这种情况再次发生，谈谈捍卫自己权利的最佳方式，并写下你用来维护自己权利的话。

……………………………………………………

……………………………………………………

Activity 24

活动 24　自信说出“我觉得”

· 你要知道 · 表达自信的方式之一是使用“我觉得”这样的语言。以“我觉得”开头表明你在表达自己的感受，同时也在为自己的感受负责。当你使用“我觉得”时，其他人通常不会感到被批判、被攻击或者被批评。

莫莉常常觉得自己被排除在午餐谈话之外，因为她的朋友们都背对着她聊天。她很想加入其中，但却没有人听她说话，这让她感到非常沮丧，她很想说：“你们太没礼貌了，我恨你们所有人！”但她没有这么做。相反，她拍拍一个朋友的肩膀说：“当你远离我、把我排除在谈话之外的时候，我觉得很孤独，因为我也想加入你们。”孩子们对此表示了歉意，他们之前并没有意识到自己的行为让莫莉感到被排斥。随后，他们将椅子转过来，给莫莉腾出了位置，让她加入到他们的谈话中。

迈克尔的哥哥打招呼说：“嗨，小矮子。”然后像往常一样拍拍迈克尔的头。迈克尔感到非常尴尬，他讨厌哥哥那样叫他。原本他想说：“离我远点，我真希望你是别人的哥哥！”但是他没有做出那样的回应，而是说：“当你给我起绰号的时候，我觉得很受伤，因为我不喜欢被人称作‘小矮子’。”他的哥哥停下了手中的动作，告诉迈克尔他从未意识到这个绰号会伤害到他。他向迈克尔道了歉，并表示不会再称呼他为“小矮子”。

科林没有意识到自己的鞋带松开了，他走在学校走廊上的时候突然被绊倒了。他摔倒在地，一个男孩看着他，开始嘲笑起来。科林本能地想站起来狠狠踢一下那个男孩的小腿，但他明白这样做是不正确的，所以他选择了不这么做，而是说：“当你嘲笑我的时候，我觉得又尴尬又愤怒，任何一个人都可能会不小心摔倒。我希望你现在不要笑了。”那个男孩对科林有勇气捍卫自己而感到惊讶，于是他停止了嘲笑。

凯西的科学报告得了一个很差的成绩，她走到老师的桌子前，本来想说：“你是一个不公平的评分者。我讨厌这门课！”但她没有这么做，而是说：“当我看到这个分数的时候，我觉得很失望，因为我在写这份报告时付出了很多努力，我原以为我会得到一个很好的成绩。”老师回应说放学后她可以和凯西一起看一下报告，也许可以找到提高成绩的方法。

安东尼奥感到很沮丧，因为他并不擅长打篮球，其他孩子在投篮时不让他一起参与。他想抢过他们的球，带着它跑掉，或者将球扔到树上。但是他没有这么做，而是说:“当你们不让我和你们一起玩的时候，我觉得有些悲伤，因为如果没有机会练习，我就永远不会变得更好。”其他孩子想了一会儿，意识到安东尼奥是对的。于是他们把球扔给安东尼奥，让他试一试。

你要做的

- 如果莫莉真的对她的朋友说“你们太没礼貌了。我恨你们所有人！”你认为会发生什么?

……………………………………………………

- 如果迈克尔真的对他的哥哥说“离我远点。我真希望你是别人的哥哥！”你认为会发生什么?

……………………………………………………

如果科林真的踢了那个嘲笑他的男孩，你认为会发生什么？

……………………………………………………………………

如果凯西真的对她的老师说“你是一个不公平的评分者。我讨厌这门课！”你认为会发生什么？

……………………………………………………………………

如果安东尼奥真的抢了男孩们的篮球，你认为会发生什么？

……………………………………………………………………

你认为哪个孩子最难说出“我觉得”，按照难易程度，从 1 到 5 给他们排序，并写出原因。

………… 莫莉　　………… 迈克尔

………… 科林　　………… 凯西

………… 安东尼奥

原因……………………………………………………………………

……………………………………………………………………

For you

更多你要做的

阅读下面的陈述，思考说话者的感受，然后用“我觉得”句式重新表达每句话。

“你这个讨厌鬼。你骗了我。”

当…………的时候，我觉得…………因为…………。

“我不想再洗碗了。我恨你，妈妈。”

当…………的时候，我觉得…………因为…………。

“乐队真糟糕。我犯了一个小错误，乐队指挥就对我大吼大叫。”

当…………的时候，我觉得…………因为…………。

“你让我最后一个击球。你是我遇到过的最糟糕的队长，我希望永远不要再跟你一队了。”

当…………的时候，我觉得…………因为…………。

“我讨厌和你一起游泳。你总是给我泼水，让我泡在水里。”

当…………的时候，我觉得…………因为…………。

Activity 25

活动 25　开启对话

· 你要知道 · 自信意味着知道如何与他人有礼貌地交谈。当你不知道说些什么时，与人交谈可能会让你感到有点害怕，但是一些简单的方法可以帮到你。当你遵循这些方法时，你会更容易与他人进行交谈。

如果你想和某人开启对话，你可以从问他们问题开始。字母"W"可以帮助你记住5个开启对话的疑问词。例如，希娜坐在艾比旁边，想和她成为朋友，但希娜不知道该说什么。这时候她可以用"5W法则"向艾比提问题：

你最喜欢的歌手是**谁（Who）**？

放学后你要做**什么（What）**？

你**何时（When）**把牙套取下来？

你住在**何地（Where）**？

你认为老师今天**为什么（Why）**给我们布置了这么多作业？

当希娜问艾比问题时，艾比就会回答，一场对话就很自然地开始了。希娜听了艾比的回答后也会和艾比进行讨论。当希娜无话可说时，可以继续问艾比问题。通过这个过程，她能更好地了解艾比，与艾比成为朋友。

For you 你要做的

在第一个方框里画一个大大的 W。在 W 旁边写出疑问词：谁（Who）、什么（What）、何时（When）、何地（Where）、为什么（Why）。请用不同颜色的笔写出每个疑问词。

在第二个方框里画出你自己和你想要交谈的人的画像。在方框下面的横线上，想一想你可以用“5W 法则”提什么问题，并做出回答。

For you

更多你要做的

想想“5W 法则”，在空白处填上最适合这个问题的疑问词。

你的名字是……………………?

你早上……………………起床?

你奶奶住在……………………?

你……………………会穿泳衣?

……………………会成为你的伙伴?

你想和……………………跳舞?

你最喜欢去……………………度假?

你……………………能到开车的年龄?

星期六你想做……………………?

你……………………不和我们一起去公园呢?

Activity 26

活动 26　接受和给予赞美

· 你要知道 · 当你以一种友好的方式接受和给予赞美时，有助于让自己感觉良好。同时，当你既能够接受赞美又能够真诚地给予他人赞美时，你会表现得很自信。

当科迪的老师告诉他，他的报告做得很好时，科迪说："我讲错了三次。"

科迪的父亲注意到科迪不善于接受别人的赞美，因此他对科迪说："你是个不错的孩子，很多事情都做得很好。你必须相信自己，学会用正确的方式接受别人对你的赞美。当别人赞美你的时候，你要告诉自己他们是真诚的，你的确做得很棒。然后直视他们的眼睛，说声谢谢。"科迪对自己能否做到有些不确定，但他向父亲保证会尽力去尝试。

后来有一次，科迪的阿姨说他的笑容很灿烂，科迪一开始开玩笑地说："就像一个灯泡！"随后，科迪看着阿姨说："谢谢你，琳达阿姨。"科迪渐渐感觉好多了，他终于开始相信一个事实：他有许多值得骄傲的优点。

科迪的父亲很高兴看到科迪的改变，他继续跟科迪说："你也可以赞美别人，当你发自真心去欣赏他们所做的事情或所说的话语时，或者当你意识到他们做得很好时，你就可以告诉他们。今天就找个机会试试吧！"

那天下午，科迪和他的朋友瑞恩一起玩滑板，科迪对瑞恩说："你在坡道上的表现可真厉害。"

瑞恩的脸上露出了笑容，他说："谢谢你，我一直在练习。"科迪意识到，当他称赞瑞恩时，自己的内心也很快乐，因为这让他感到自己的状态更加松驰和自信了。

你 要 做 的

以下情境中的孩子都在接受赞美。你可以通过他们的反应来判断他们内心的感受。如果你认为这些孩子内心感觉良好，请在衬衫上画一个微笑的表情。如果你认为他们内心感觉糟糕，请在衬衫上画一个悲伤的表情。然后在横线上说明你这样认为的原因。

当米格尔的老师批改完他写的一篇故事后，她对米格尔说："米格尔，你是个好作家，你应该得到这个 A。"米格尔笑着说："谢谢。"

当米格尔的老师批改完他写的一篇故事后，她对米格尔说："米格尔，你是个好作家，你应该得到这个 A。"米格尔做了个鬼脸说："是啊，我真是太棒了，今晚电视台要采访我！"

当利亚唱起她刚学会的新歌时，她的妈妈说："利亚，你的声音很好听。"利亚笑着说："谢谢妈妈。"

当利亚唱起她刚学会的新歌时，她的妈妈说："利亚，你的声音很好听。"利亚咬着嘴唇说："我的高音永远唱不上去，我还忘记了歌词。"

莉莎拥抱克莱尔说："你真是一个很棒的朋友！"克莱尔笑着说："谢谢！"

莉莎拥抱了克莱尔说："你真是一个很棒的朋友！"克莱尔讽刺地说："是啊，我这么受欢迎，你应该庆幸我能和你讲话！"

For you 更多你要做的

在下面的画框中，粘贴一张或者画一张你正在专心做事情的图片，让别人可以真诚地赞美你。在画框下面，写下别人可能给予你的赞美，以及你会做出的回应。

对我的赞美：……………………………………………………

……………………………………………………………………

我的回答：……………………………………………………

……………………………………………………………………

在下面的画框中分别画出三个你认识的人，并在画的旁边写下他们的名字。然后在画框旁边的横线上分别写一句你想真诚赞美他们的话。在赞美别人的时候，真诚是很重要的。你一定要真诚赞美，否则就不要说。

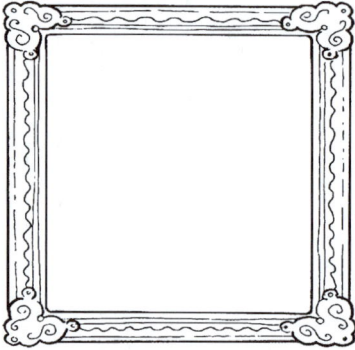

Activity 27

活动 27　在团队中保持自信

· 你要知道 · 刚开始接触一群陌生的孩子，你可能会觉得有点害怕。你可能不知道该说什么或做什么才能融入他们，但你可以学习如何在这种情况下表现得自信，维护自己，同时也尊重他人。

每周，克洛瓦基女士都会与一群孩子会面，帮助他们学习如何结交朋友并保持友谊。杰瑞德说:“我想加入社团，但我不敢参加第一次会议，因为其他人都已经互相认识了。”伊莉斯说:“我想在学校交新朋友，但我不知道该如何开始。”胡安说:“我想在家附近的公园里玩，但是我不敢靠近那些已经在那里玩的孩子们，我担心他们对我不友善。”

克洛瓦基女士说，在接近一个新群体时感到担心是正常的，但我们可以做一些事情，让这个群体更容易、更有可能接受我们。以下是她的建议:

1. 等待谈话的间歇或游戏暂停的时候。打断别人的谈话或者正在进行的游戏是很不礼貌的。

2. 观察所有孩子的表情。你觉得谁的笑容最友好？你可能和谁有共同语言？请接近那些看起来很可能会和陌生人交谈的孩子。

3. 微笑，在合适的时候接近看起来最友好的人。使用礼貌、友好、合适的问候语。你可以说“请问我可以加入你们吗？”或者“嗨，这里还有空位吗？”

4. 试着加入他们，而不是改变他们。如果大家在谈论学校，你就谈论学校。如果大家在踢足球，你就踢足球。如果你一开始就试图加入他们，而不是试图改变他们，你会更容易融入他们。

For you 你要做的

下面的图片展示了杰瑞德、伊莉斯和胡安想要加入一个新团体的情景。在每张图片中，圈出看起来最友好、可以首先接近的孩子。请写下你认为杰瑞德、伊莉斯和胡安应该找什么时间加入新团体、他们应该用什么样的问候语，一开始应该做什么或谈论什么。

....

....

....

更 多 你 要 做 的

请写一个关于一个孩子试图加入一个团体，但因为表现得太被动而被拒绝的小故事。

现在，重新写这个故事，故事讲的是这个孩子通过克洛瓦基女士的指导建议表现得很自信，最终被团体所接受。

接下来，请写另一个故事，故事讲的是一个孩子试图加入一个团体，但因为其行为有攻击性而被其他孩子拒绝。

- 描述你如何使用克洛瓦基女士的指导建议来接近你想加入的团体。

- 你认为哪一个指导建议对你来说是最容易实施的，并写出原因。

你认为哪一个指导建议对你来说是最难实施的，并写出原因。

Activity 28

活动 28　和成年人相处时的自信

· 你要知道 · 成年人有责任制订和执行孩子们要遵守的规则，这是他们的任务。作为一个孩子，你也许不能制订规则，但是如果你的行为得体并且自信坚定，你可以向成年人表达你的观点或者提出关于规则的问题。

奥利维亚整个夏天都在努力练习自己的投篮技巧。她在家里和爸爸一起练习，在公园里和朋友们一起练习，她的哥哥也给了她很多帮助。奥利维亚相信自己比之前进步了很多，尽管她可能还不如队里最出色的球员。新赛季开始时，教练决定将她放在替补席上，这意味着她可能整个赛季都会坐在替补席上。奥利维亚感到受伤和愤怒，她想对教练大声抱怨，她想告诉他这样做不公平，但她明白规则是教练制订的。

那天晚餐时，奥利维亚的爸爸注意到她很伤心，问她发生了什么事。奥利维亚向他倾诉了一切，爸爸说她做得对。他告诉她，对教练大声抱怨并不能解决问题，也不能帮助她获得首发位置，但她可以采取一些行动。“我能做些什么呢？”奥利维亚问道。

“你可以通过自信的行动，在维护自己权利的同时，也尊重教练的权利。”“我该怎么做？”奥利维亚问道。爸爸回答：“你需要考虑如何在保持尊重的同时向教练表达你的感受和想法，你有权利这么做。你可能无法改变你在团队中的位置，但你可以维护自己，告诉教练你的想法。”爸爸建议她写下所有的想法和感受，然后再挑选出她想要告诉教练的内容，然后整理成既能表达她的想法，又能尊重教练的语言。

奥利维亚一开始是这样写的：我气得想要尖叫！整个夏天我都非常努力，练习、练习、再练习——即使我不喜欢枯燥的练习，但我还是坚持下来了。我非常想打篮球！我很生气那个愚蠢的教练不让我首发出战。我觉得他是个笨蛋！我认为他很卑鄙！我想对他大吼大叫！我知道我不应该这样做，我也不会这样做。但是我内心其实真的很想这样做！

奥利维亚根据自己写下的内容，整理出来了想要写给教练的话：

▶ **为了提高球技我非常努力地练习。整个夏天我几乎每天都和哥哥还有朋友一起练习。**

▶ **即使我这么努力地提高球技，还是被放在替补席，这让我感到难过和失望。**

▶ **我进步了很多。即使我不是最有天赋的球员，我也比去年的自己更好了。**

“你写得很好，之后你可以礼貌地问问教练，什么时候可以和他谈谈这件事。当你和他说话的时候要尊重他，就像你希望他对待你的态度一样。”奥利维亚的爸爸说。

第二天放学后，奥利维亚和教练谈了谈。她平静地把自己的想法告诉了教练。当她讲完后，教练微笑着说：“奥利维亚，我为你感到骄傲。你处理这件事的方式非常成熟。我对你的努力以及你和我沟通的态度印象深刻，我为你是我们团队里的一员而感到自豪。我仍然会让你在前几场比赛中当替补队员，但是如果你坚持练习，我会让你在后面的比赛中当首发队员。如果你的球技继续提高，我相信你会成为我们团队里的一笔宝贵财富。”

For you 你要做的

下面的句子是由孩子们写的，他们对大人做的事情感到沮丧。他们把自己的感受写在了纸上，因为对成年人说这些是不礼貌的。请阅读他们所写的内容，然后在下面的横线上，写出他们如何才能自信地表达自己的想法，同时又能做到尊重他人。

我感到悲伤、愤怒和不安。我最好的朋友金妮，她的父母告知她，他们要搬到另一个城市去了。我讨厌金妮的父母！他们要带走我最好的朋友！我会非常想念她的！如果我再也见不到她了怎么办？他们是我见过最差劲的父母！

....

....

....

....

那个愚蠢的琼斯太太！她是有史以来最刻薄的老太太！昨天我在人行道上骑自行车，不小心碾过了她的玫瑰花，把它们弄坏了。她当着我朋友的面对我大吼大叫，让我感到很尴尬。我又不是故意弄坏她的花，那是个意外！现在我想把她所有的玫瑰都折断。

我讨厌我的数学老师。她又给我打了个低分。这次我真的很努力地准备考试了，但是题目太难了，有些题目我甚至都看不懂。我太生气了，真希望学校能解雇她！如果她在考试时能让我问一个问题，也许我就能把题目做对了。她不公平！我讨厌她制订的规则。

ForYou

更多你要做的

Share

回想一下你因为一个成年人所做的事情而感到沮丧的时刻，请写下你当时的想法和感受，同时在你觉得不够尊重或不适合向成年人表达的想法下面划线。

请写下在这种情况下适合对成年人讲的话，你要做到既维护自己的权利，又要尊重成年人的权利。

描述一个你在生活中想要自信地向成年人表达自己想法和感受的情景，并写下你的想法和感受。

请写下在这个场景下适合对成年人说的话，以展示出你自信得体的态度。

Activity 29

活动 29　将人和问题分开

·你要知道· 当我们尝试自信地处理问题，而不是被动地或具有攻击性地处理问题时，我们更有可能解决与他人的分歧。当你能把自己和对方从你正在处理的问题中分离出来时，团队合作就会更容易。这样你就可以在尊重他人权利的同时，维护自己的权利。

詹姆斯和米凯拉正在争吵。詹姆斯认为大家应该为有需要的人募捐外套，米凯拉认为大家应该募捐罐头食品。“保暖的衣服更重要！”詹姆斯说。“食物更重要！”米凯拉说。

最后，老师德鲁太太告诉詹姆斯和米凯拉，他们通过争吵是解决不了问题的。老师让他们面对面坐着。“让我们来梳理清楚这个问题。”德鲁太太说。

“问题出在詹姆斯身上。”米凯拉说。“问题出在米凯拉身上。”詹姆斯说。德鲁太太说：“让我们再想清楚一点，问题不在于詹姆斯或米凯拉，你们都有很好的想法。真正的问题是，你们无法达成共识。”德鲁太太把问题写在一张纸上，放在他们中间的桌子上。“现在，我们已经把问题和人分开了。詹姆斯和米凯拉，我希望你们齐心协力，想办法解决这个问题。”德鲁太太说。

起初，詹姆斯和米凯拉不知道该怎么办。他们已经习惯了互相争吵，现在让他们齐心协力反而都觉得有些不习惯。最后，他们还是决定要解决问题，并开始交谈。詹姆斯说：“的确，我们俩的想法都很好，但我们谁也不想放弃自己的想法。”米凯拉说：“对，你认为我们有没有可能同时实现这两个想法？这样问题就解决了。”詹姆斯说：“也许我们可以同时做衣物和食物的募捐活动。”米凯拉说：“这是个好主意，或者我们可以先做一个衣物募捐活动，等到春天再做一个食物募捐活动。”詹姆斯说：“这也是个好主意。”最后，他们相视一笑，成功地解决了这个问题。

For you 你要做的

当詹姆斯和米凯拉一开始争吵时，你觉得他们的表情是什么样的？请在下面的轮廓图中分别画出来，并在横线上写出詹姆斯和米凯拉各自认为争吵的原因是什么。

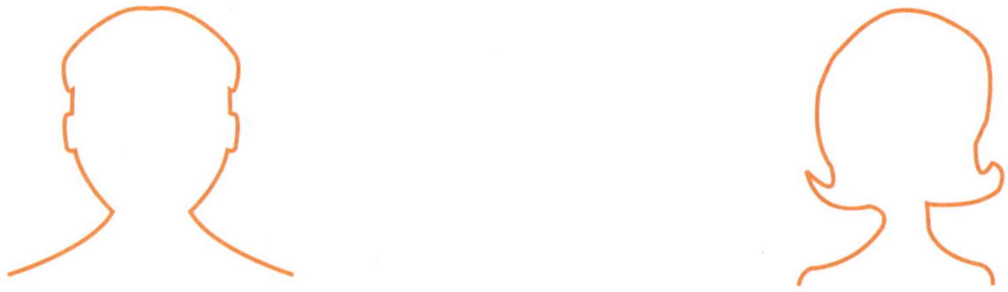

现在让詹姆斯和米凯拉不考虑主观因素，客观地看待问题，你认为他们会怎么想？请在横线上写出他们的想法，并在轮廓图中画出他们开始合作、共同讨论时的表情。

当詹姆斯和米凯拉都认为对方才是问题所在时，他们对彼此的感觉如何？

当詹姆斯和米凯拉客观看待问题时，对彼此的感觉如何？

当詹姆斯和米凯拉都认为对方是问题所在时，他们把问题解决得怎么样？

当詹姆斯和米凯拉客观看待问题时，他们把问题解决得怎么样？

你认为哪种解决问题的方法更有效，把对方当成问题所在，还是客观看待问题？为什么你会这样认为？

更多你要做的

描述一个你和另一个人之间难以解决的问题。

画一幅你们两个人面对面的场景，然后在旁边画一些东西来代表你们两个之间的问题。

现在你们能够客观地看待问题了，思考一下你该如何和这个人一起解决问题。

Activity 30

活动 30　理解别人的观点

· 你要知道 · 大多数情况下，我们往往只站在自己的角度看问题。但是当我们尝试站在另一个人的角度看问题时，我们才能更好地理解对方的感受，也更容易找到解决问题的办法。

拉基莎和海莉正在嘉年华的欢乐之家散步，她们俩都戴着特殊的眼镜。拉基莎的眼镜能把一切都放大，海莉的眼镜能把一切都变小。“哇，一切都变得好大！”拉基莎说。“不，是一切都变得很小！”海莉说。两个姑娘都笑了，然后她们交换了眼镜。“当我透过你的眼镜看世界时，一切都不一样了。”拉基莎说。“我戴你的眼镜时也一样。”海莉说。

后来，她们一起去买冰淇淋。拉基莎哪种口味都不喜欢，而海莉每种口味都喜欢。拉基莎回到家，告诉她的家人，嘉年华上的冰淇淋一点都不好吃。而海莉告诉她的家人，嘉年华上的冰淇淋都很好吃。

那天晚上，拉基莎告诉海莉自己玩得很开心，但她不想再去狂欢节了。起初海莉觉得很生气，并问道：“你为什么不想再和我一起去狂欢节呢？你不想做我的朋友吗？”“不，我想成为你的朋友，可是我的脚很疼，我的零用钱也花完了。另外，路上坐车的时间太长了，我都反胃了。”拉基莎说。“哦，那我明白你为什么不想再去了。”海莉说。

拉基莎和海莉对于参加狂欢节的积极性不同。当两个人对同一件事有不同的看法时，就会发生这种情况。当海莉只站在自己的角度看这件事时，她会生拉基莎的气。但是当拉基莎说明原因后，海莉可以站在朋友的角度看问题，理解拉基莎的想法和感受。

你　要　做　的

下面列举了几组两个孩子发生矛盾的情况。你认为哪个孩子需要站在别人的角度看问题呢？请写下如果这个孩子能理解别人的想法，他应该说些什么。

杰克和凯文站在码头上，旁边停着一艘船。杰克很害怕，他说：“我不想坐船，因为我不会游泳。”凯文说：“我很生气，你竟然不想去划船！我很期待划船的！”

你认为哪个孩子需要站在别人的角度看问题？请给对应的眼镜涂色。

杰克

凯文

Idea 如果那个孩子能理解别人的想法，他会说些什么呢？

戴娜和朱莉愤怒地看着对方，双臂交叉在胸前。戴娜心想："我不想让朱莉来我家，因为我的房间太乱了，我觉得很尴尬。"朱莉说："你不让我去你家，真是小气。一直都是我邀请你到我家来。"

你认为哪个孩子需要站在别人的角度看问题？请给对应的眼镜涂色。

戴娜

朱莉

Idea 如果那个孩子能理解别人的想法，她会说些什么呢？

莉莉恶狠狠地看着佐伊。莉莉说："我很生气，因为你没有来参加我的滑冰派对。"佐伊心想："我滑冰滑得很糟糕，我宁愿和莉莉一起去图书馆或者看电影。"

你认为哪个孩子需要站在别人的角度看问题？请给对应的眼镜涂色。

莉莉

佐伊

Idea 如果那个孩子能理解别人的想法，她会说些什么呢？

诺亚在生爸爸的气。他说："我骑自行车的时候不想戴头盔。你总是把我当小孩子来对待！"诺亚爸爸心想："我听说最近有个男孩在骑车的时候从自行车上摔下来了，伤得很重。我很爱你，我不希望这种事发生在你身上。"

你认为谁更需要站在别人的角度看问题？请给对应的眼镜涂色。

诺亚

爸爸

Idea 如果他能理解别人的想法，他会说些什么呢？

For you

更多你要做的

你认为理解别人的想法会如何帮助你尊重他人的感受?

你认为理解别人的想法会如何帮助你解决你与他人之间的矛盾呢?

Share 写一个因为不理解你的想法而生你气的人的名字。你希望那个人理解你什么呢？

Share 写下某个让你生气的人的名字。试着想象一下，如果你是那个人，他的想法可能是什么？

你可以通过友好的方式告诉别人你的想法，从而维护自己的权利，你也可以通过尝试理解他人的想法来尊重他人的权利。这两种行为都是自信行事的表现。

Activity 31

活动 31　看到你在问题中的角色

· 你要知道 · 当问题出现时，把原因归咎于别人可能是一种容易的做法。然而，当双方都能看到自己在问题中的角色时，解决问题就很容易了。当你能够看到并承认自己在问题中所扮演的角色时，无论是主动承担责任，还是坚持自己的正确立场，都是一种自信的表现。

一群男孩刚刚输掉了篮球比赛，因为最后一球他们没有投进。在这个失利的时刻，每个人都互相指责，大声喊叫。杰森责怪塞尔瓦托没把球传给他。塞尔瓦托责怪帕特里克挡住了他的传球路线。帕特里克责怪多米尼克没有好好保护他。多米尼克责怪杰森制订了糟糕的比赛计划。

看到这个情况，体育老师用力吹响口哨，并问："这是怎么回事？"男孩们又开始争论起来，互相指责。"你们都是这个团队的一员，你们每个人都要为输掉比赛承担一部分责任。请你们想想然后告诉我，你们做的哪些事可能会导致比赛输掉。"老师说。

杰森举起了手说："我想我太自私了，其实在那个情境下应该让塞尔瓦托把球传给别人，但我想投进制胜的一球。"然后塞尔瓦托开口说道："如果我像我们之前约定的那样，马上把球传给杰森，帕特里克就不会挡我的路了，但我希望自己能投进这个球。"帕特里克说："当塞尔瓦托没有马上把球传给杰森时，我应该站在一边。我本可以等等的，给他更多的时间。但是我站在了错误的地方，这让多米尼克很难保护我。"多米尼克说："我不应该责怪杰森制订的比赛计划。他尽了最大的努力，但我们没有成功使其奏效。"

"这才是一次成熟的谈话，你们每个人都看到了自己在问题中扮演的角色。你们现在感觉如何？"老师问。"我很高兴我们在一个团队，让我们再试一次，下次我们一定可以做得更好！"杰森说。

For you 你要做的

观察下图，然后写出图片中的每个角色都做了什么才导致了问题的出现。

左侧司机 ……………………………………………………………

右侧司机 ……………………………………………………………

狗主人 ………………………………………………………………

狗 ……………………………………………………………………

For you

更多你要做的

Idea 你认为把问题归咎于别人容易，还是承认自己也应该为出现的问题负一部分责任容易？

Idea 承认你应该负一部分责任时你会有什么感觉？

你认为哪一种行为更有助于解决问题，责怪别人还是承认自己也有责任?

描述一个你和别人之间曾经出现过的问题。请写下关于这个问题，你们各自应该承担什么责任。

Idea 为了解决问题，你们分别能做些什么呢?

Activity 32

活动 32　头脑风暴解决方案

· 你要知道 · 头脑风暴是一种有助于开拓思路、寻找新的可能性的技巧。在进行头脑风暴时，你会思考并尝试多种解决问题的方法。如果你们在团队中使用这种技巧，那么与其他人一起解决问题就会变得更加容易。

在科学课上，艾希礼和布拉德正在看一个人脑模型。艾希礼说：“哇，那里装着我们所有的思想，看上去真有趣。”“确实是。”布拉德同意道。

“今天我们要讨论的是一种利用大脑来解决问题的技巧，叫做‘头脑风暴’。”科学教师拉尔森先生说。

“头脑风暴有五个步骤。”他边说边把它们写在了黑板上。

1. 明确一个问题。

2. 在不评判它们的情况下，尽可能多地写下你能想到的解决问题的方法。这些想法可能是明智的，也可能是愚蠢的，可能是疯狂的，也可能是真实的。

3. 评估你的想法。

4. 选择一个想法去尝试，看看它是否有效。

5. 如果行不通，试试别的办法。

然后，拉尔森先生在黑板上写了一个问题，并让每组学生思考解决方案。他是这样写的：

我的胡子太短了。我怎样才能让它长得更长呢？

下面是艾希礼和布拉德进行头脑风暴后的解决方案：

- 拉扯它。
- 给它浇水。
- 给它喂食。
- 永远不要剪。

- 多吃蛋白质。
- 用纱布缠在下巴上（看起来会更长）。
- 去问医生。
- 剃光头发，这样所有的头发就都长在脸上了。
- 把它烫成卷状。

当艾希礼和布拉德念出他们的方案清单时，全班都笑了。“如果我们仔细评估这些想法，哪一个听起来可能真的有用呢？”拉尔森先生问。

“多吃蛋白质。”布拉德说。

“对！因为头发是由蛋白质组成的。我会尝试一个星期，看看会发生什么。如果它不起作用，我会选择另一个解决方案。”拉尔森先生说。

For you 你要做的

头脑风暴也可以用来解决人与人之间的矛盾。在下面的图片中，每一对孩子似乎都遇到了困难。你可以进行头脑风暴，写下解决问题的方法清单。尽可能多地写出你能想到的方法，不用仔细论证方法是否可行。

……………………………………………………

……………………………………………………

我讨厌和你同住一个房间，你太邋遢了。
我讨厌和你同住一个房间，你太爱干净了。

For you 更多你要做的

下面列举了一些你在生活中可能会遇到的问题，你可以通过尽可能多地写下这些问题的解决方案来练习头脑风暴。

- 厨房水槽中的水溢出来了。

……………………………………………………

- 你正站在公交车站，一阵大风把你手中的资料吹得到处都是。

……………………………………………………

- 你和一个朋友在商店排队买单，你发现自己没有带够钱。

……………………………………………………

Share 想想你和某人之间发生过什么问题，并头脑风暴出解决方案。

……………………………………………………

选择一个解决方案进行尝试，并写出当你尝试这个解决方案时会发生什么？

……………………………………………………

如果第一个解决方案不奏效，接下来你会尝试哪个解决方案？

……………………………………………………

Idea 为什么你认为头脑风暴是解决问题的有效方法。如果你觉得头脑风暴对解决这个问题没有帮助，本书中还有哪些解决问题的方法你认为可以尝试呢？

……………………………………………………

……………………………………………………

……………………………………………………

Activity 33

活动 33　通过妥协解决问题

· 你要知道 · 当人们运用妥协的技巧时，可以更顺利地解决彼此之间的问题。妥协意味着各方同意在解决问题的过程中各自做出一些让步。如果每个人都能退一步，就可以实现双赢的结果，而不是一个人完全放弃，另一个人得到所有。这种公平合理的妥协方法有助于建立和谐的关系，并找到满足各方利益的解决方案。

玛吉和莎玛在争论中陷入了僵局。两个人都对现状不满意，但是谁都不肯让步。当校长加西亚先生看到她们时，她们正站在共用的储物柜前。“怎么了，姑娘们？”加西亚先生问。

玛吉说：“莎玛不同意用鲜花装饰我们的储物柜。花是我的最爱，这样装饰就是我想要的。”莎玛说：“玛吉不同意用动物贴纸装饰我们的储物柜。动物是我的最爱，这样装饰就是我想要的。”

加西亚先生说：“如果我们想与其他人和睦相处，我们就必须学会妥协，你们知道这意味着什么吗？”女孩们摇了摇头。加西亚先生继续说：“妥协意味着双方都同意进行适当的放弃，这样双方才能都得到自己想要的一些东西。”“我不会放弃我的花。”玛吉说。“我不会放弃我的动物。”莎玛说。

“你们都在维护自己的权益，但却不尊重对方的权益。你们是朋友吗？”加西亚先生问。女孩们点了点头。加西亚先生继续问：“你们希望继续保持朋友关系吗？”两人又点了点头。加西亚先生问：“那么，你们能够在装饰储物柜这件事上做出怎样的妥协呢？”女孩们互相看了看。玛吉说：“嗯，我想我可以让出一点空间。我不需要在整个储物柜里都放满花。”莎玛说：“我也是，我不需要把整个储物柜都贴满动物贴纸。”

“干得好，姑娘们。如果你们这样妥协，虽然看起来你们都放弃了一些权益，但你们都得到了自己想要的东西，你们仍然尊重你们之间的友谊和彼此的权益。这样问题就已经解决了。”加西亚先生说。

For you 你要做的

孩子们正在学习如何通过妥协来解决问题。请写下能解决他们之间问题的方案，帮助他们每个人都放弃一点、得到一点。

营员 A 说:		**营员 B 说:**
我想睡在上铺！		我想睡在上铺！
我想游泳。		我想航行。
我想自己生火！		我想自己生火！
我想要花生当零食。		我想要葡萄干当零食。

For you

更多你要做的

Share 描述一个你和某个人之间的问题。

……………………………………………………………………

……………………………………………………………………

- 如果你们两个人一直争论这个问题，永远无法达成一致，会发生什么？

……………………………………………………………………

……………………………………………………………………

- 描述一下如果你们两个人通过妥协找到了解决问题的办法，会发生什么？一定要说出你放弃了什么、得到了什么，以及对方放弃了什么、得到了什么。

……………………………………………………………………

……………………………………………………………………

Activity 34

活动 34　有趣的玩笑和伤人的玩笑

· 你要知道 · 有些玩笑是友善的，可以被忽略或用来调节气氛。然而，有些玩笑可能会给他人造成伤害，这并不有趣。当你能分辨不同类型的玩笑时，就能自信地应对了。这能够帮助你保护自己，并与他人进行良好的互动。

每个人的一生中都可能会遇到被别人开玩笑的情况。你最喜欢的阿姨可能会开玩笑，说你是世界上“最帅”的男孩或“最漂亮”的女孩。你的兄弟可能会开玩笑，说你是个“笨蛋”。你最好的朋友可能会开玩笑，说你迷恋班上的某个人。你也可能会开别人的玩笑，也许开姐姐的玩笑，说她花很多时间整理头发；也许开你朋友的玩笑，说他是个书呆子；也许开爸爸的玩笑，当你的爸爸长时间看电视的时候，你可能会开玩笑说他是一个“电视迷”。

上述这些玩笑是朋友或熟人出于友谊或打趣而互相说的一些话，并不带有恶意。有趣的玩笑是一种互动的方式，可以帮助我们娱乐自己和生活。

有时，我们可能会面对刻薄的玩笑和戏弄，这种情况往往令人感到不舒服。比如，大一点的孩子可能会在操场上推倒小一点的孩子，或者抢走他们的书包，以此来戏弄他们。有些孩子有时甚至会用粗鲁的言辞或脏话来戏弄其他孩子。有些成年人也有可能会无意中取笑孩子，说他们愚蠢或取笑他们的身体问题。

上述这些行为是伤人的玩笑，甚至是欺凌，这并不是出于友谊。当有人用伤人的方式取笑你时，你要知道这种行为必须被制止。

For you 你要做的

下图中的孩子们都在被开玩笑。观察每张图中发生了什么，然后判断这些玩笑是有趣的还是伤人的。如果是有趣的，请给图片下面的笑脸涂色。如果是伤人的，请给图片下面的哭脸涂色。

For you 更多你要做的

Share 描述一次你被一个你喜欢，同时也喜欢你的人以一种有趣的方式开玩笑的经历。

....

....

- 当你被这样开玩笑时，你有什么感觉？..............................
- 你知道如何自嘲吗？..

Share 描述一次你被人恶意取笑的经历。

....

....

- 当你被这样取笑时，你有什么感觉？

- 你是如何让这个人不再取笑你的？

Share 描述一次你对你喜欢的人开玩笑的经历。

- 你觉得这个人被开玩笑后会有什么感觉？

- 这个人做了什么或说了什么？

- 为什么你认为这样的玩笑是合适或者是不合适的？

Share 描述一次你可能以伤人的方式取笑别人的经历。

……………………………………………………

……………………………………………………

……………………………………………………

- 你觉得这个人被取笑后会有什么感觉？……………………
- 这个人做了什么或说了什么？……………………
- 为什么你认为这样的取笑是合适或者不合适的？

……………………………………………………

……………………………………………………

……………………………………………………

Activity 35

活动 35　鼓励或阻止开玩笑的行为

· 你要知道 · 有些行为是在纵容别人取笑你，而有些行为则会阻止别人取笑你。当你尊重自己时，你的行为会阻止别人取笑你。当你不尊重自己时，你的行为往往是在纵容别人取笑你。

托马斯和安德鲁都是莫里斯顿学校的新生。面对新同学和老师，托马斯虽然很紧张，但他很尊重自己。上学前，他洗了澡，穿上干净的衣服，站得笔直，脸上挂着微笑。当他走进教室时，他问老师自己应该坐在哪里，然后从容而安静地坐了下来。

安德鲁也很紧张，但他似乎没有意识到要尊重自己。那天早上，他穿上了皱巴巴的衣服，还没有刷牙。一走进教室，他就径直走到最后面的位置坐下了，开始专注地抠指甲，好像这样就可以避免与其他人对视了。

午饭时，托马斯主动让老师介绍给他几个可以一起吃饭的孩子。他保持坐姿端正，彬彬有礼地参与谈话，并在大家安静的时候融入对话。当大家谈论他不知道的事情时，他会安静地倾听。

与此同时，安德鲁走进餐厅时低着头，弓着腰。因为没有看路，他撞到了桌子上，导致饮料洒了出来。这一系列事件让他的脸红了起来，开始颤抖，最终连盘子都摔破了。旁边的孩子们开始嘲笑他，说他笨手笨脚。

托马斯和安德鲁都对自己的新生身份感到不适应，托马斯的行为让其他孩子更容易接受他，而安德鲁的行为让他的形象变得很消极，这会让他很容易成为被取笑的对象。

你要做的

For you

自我尊重意味着关爱自己的内心和身体。请圈出你认为能阻止别人取笑你的自我尊重的行为，并在你认为会纵容别人取笑你的行为下面划一条线。

经常发牢骚	管好自己的事
对自己或他人撒谎	容易生气
做有趣的事情	讲真话
表现得自信	有幽默感
知识丰富	不讲卫生
贬低自己	说别人的坏话
保持良好的卫生习惯	说别人的闲话
站直并微笑	挖鼻孔
呼吸平稳	给予他人积极的评价
对任何小事感到焦虑	保证充足的睡眠

For you

更多你要做的

想想你认识的某个被其他孩子恶意取笑的人，在下面的方框中写下这个人的名字。想想这个人在别人面前是怎么表现的，写下他所做的可能会引起别人取笑他的事情。

[ ] ……………………………………………………

想想你认识的某个没有被其他孩子恶意取笑的人。在下面的方框中写下这个人的名字。想想这个人在别人面前是怎么表现的。写下他所做的可能会阻止别人取笑他的事情。

[ ] ……………………………………………………

Share 详细描述一次别人恶意取笑你的经历。

……………………………………………………

……………………………………………………

列出你做过的可能会让别人取笑你的事情。

列出你能做的可以阻止别人取笑你的事情。

Activity 36

活动 36　正确应对取笑

· 你要知道 · 你可以学习如何应对取笑。当你被取笑时，你可以采取一些措施来改善心情，并减少被取笑的可能性。学习和练习这些技巧是非常重要的，这可以帮助你更加自信。

丽莎感到非常沮丧，因为在学校里几乎每天都有孩子取笑她，有时她甚至会边走边流泪。一天，她的邻居朱莉娅看见丽莎在回家的路上哭了起来，便问丽莎发生了什么。朱莉娅是一名高中生，她不仅友善，还很优秀，是学生会副主席，也是田径明星。

“我受够了被取笑，我感到非常悲伤、孤独和愤怒。我希望他们停止取笑我，但他们不肯。我不知道该怎么办。”丽莎说。

“我明白你的感受，当我像你这么大的时候，我也被取笑过。但你知道吗？祈祷并不能让那些孩子停下来，于是我学了很多能让他们停下来的技巧。你来我家，我告诉你这些技巧是什么。我敢打赌，如果你学会这些技巧，一定会对你有所帮助。”朱莉娅说。

丽莎坐在朱莉娅的餐桌旁，朱莉娅和她分享了自己曾经被人取笑的经历。孩子们常常取笑她爱说话、聪明过头，还笑她腿部肌肉发达。然而，朱莉娅告诉丽莎，当她学会如何应对别人的取笑时，她也学到了如何利用自己独特的个性。朱莉娅发现，多说话帮助她结交了更多的朋友，聪明让她取得了出色的成绩，强健的双腿帮助她赢得了许多跑步奖项。当她学会如何应对取笑时，她的自我感觉也变得更好了，并且最终成为了一名学生领袖。

朱莉娅把这些技巧写下来给丽莎看。

如何应对取笑

1. 和朋友在一起（Stick with friends）。戏弄者通常选择独处的人来取笑。你如果看到他们来了，可以去找你的朋友，或者站在老师旁边。这样做可以让你感到更有安全感，也会让戏弄者意识到你并不孤单，而且有人支持你。

2. 远离戏弄者（Avoid teasers）。如果你远离那些戏弄者，他们就没有机会打扰到你，可能会转而去取笑其他人。

3. 忽视取笑（Ignore teasing）。假装你没有听到别人的取笑，继续你的生活。当取笑者没有得到你的回应时，他们通常会停止。记住这句话：如果他们觉得被忽视了，他们就会感到无聊。

4. 笑（Laugh）。如果你学会和取笑你的孩子一起笑，你就可以从中获得乐趣，而不是感到沮丧。

朱莉娅说："每个技巧的首字母可以拼成单词'SAIL'，你可以想象一艘帆船平静地漂浮在湖面上。这些技巧一定可以帮助你平静地应对取笑的。"

第二个星期，丽莎在学校里尝试了这些技巧。一开始，她很难忽视被取笑的声音，但是当她按照朱莉娅的建议去做时，孩子们就停止了取笑的行为。丽莎最初不敢自嘲，因为她担心这样只会让孩子们变本加厉地取笑自己，但是她发现孩子们并没有如她所想的那样继续取笑她，他们很快就停下来了。丽莎努力地面对这些取笑，想着朱莉娅也是这样熬过来的，最终她变得快乐和自信。这使丽莎相信，如果朱莉娅能够做到，那么她自己也能够做到。

For you 你要做的

在下面的方框里画一艘帆船。回忆朱莉娅讲述的如何面对取笑的"SAIL"技巧，然后在方框下方写出每个字母代表的技巧具体是什么。

S ……………………………………

A ……………………………………

I ……………………………………

L ……………………………………

For you

更多你要做的

Share 分享一次别人取笑你的经历。

....

- 对照你的经历，说说朱莉娅分享的哪个技巧可能会帮助你应对取笑。

....

- 你认为哪个技巧最容易尝试？为什么你会这样认为？

....

- 你认为哪个技巧最难尝试？为什么你会这样认为？

....

- 如果下次你再被人取笑，你会怎么做？

....

....

Activity 37

活动 37　保持冷静应对取笑

· 你要知道 · 保持冷静可以帮助你展现自信。当你心烦意乱的时候，很难理智地思考，很难有效运用应对取笑的技巧。相反，当你保持冷静时，你可以理智地思考，更容易运用这些技巧。你可以学会运用自己的身体和头脑来保持冷静。

丽莎的朋友彼得注意到丽莎不再因为被取笑而生气了。似乎她越冷静，就越少被取笑。彼得让丽莎教他保持冷静的方法。

“一开始想要保持冷静并不容易，需要不断练习。我使用的是‘SAIL’技巧：和朋友在一起（(Stick with friends)、远离戏弄者（Avoid teasers)、忽视取笑（Ignore teasing）和笑对一切（Laugh)，这个技巧真的很奏效。”丽莎告诉他。

“我想我做不到。当他们取笑我时，我会脸红，大脑一片空白，完全不记得该怎么做。这就导致他们会取笑得更加厉害。”彼得说。

“我以前也遇到过你这种情况，是朱莉娅告诉我要用身体和头脑保持冷静，我把它们都记在一张纸上了，给你看！”丽莎说。

用你的身体：

1. 放松呼吸。当你慢慢地深呼吸时，你会感到平静，这能让你更理智地思考。

2. 放松肌肉。你会感到内心更加平静，更能控制自己的言行。

用你的头脑：

1. 想一些让你开心的事情。这会让你的思绪从被取笑中解脱出来，令你心情愉悦。

2. 想一些有趣的事情。这会让你的思绪从被取笑中解脱出来，令你开怀大笑。

3. 想想那些爱你的人。这会让你的思绪从被取笑中解脱出来，让你感到温暖和美好。

彼得说他很难记住全部的技巧，于是把这些技巧写在了一张纸上。他把这张纸放在口袋里，每天上学前、放学后和睡觉前都会读几遍，很快他就记住这些技巧了。

Foryou 你要做的

从下面的列表中，选择一些能帮助彼得在被取笑时用身体保持冷静的技巧，填写在身体轮廓里。再选择一些能帮助他在被取笑时用头脑保持冷静的技巧，填写在他的思想气球里。

快速地呼吸	放松肌肉	紧绷肌肉
觉得这些玩笑太刻薄了	胸式呼吸	滑板很有趣
我爸爸很爱我	我喜欢游泳	我讨厌恐怖电影
缓慢放松地呼吸	我的朋友把我逗笑了	腹式呼吸
我最好的朋友认为我很酷	想起一个很好笑的笑话	

更多你要做的

▶ 保持安静舒适的坐姿，闭上眼睛，试着放松你的呼吸。慢慢地深吸一口气，然后再重复两次。接着，快速而浅浅地吸一口气，再重复两次。一定要集中注意力，控制呼吸方式，寻找一种能够让你感到平静和放松的呼吸方式。放松呼吸，想象你站在一群取笑你的孩子面前，然后想象自己平静地呼吸，平静地远离他们，没有感到不安或紧张。在脑海中一遍又一遍地重复远离他们的场景，然后在现实生活中尝试。

▶ 同样，保持安静舒适的坐姿，闭上眼睛，试着放松你的肌肉。伴随着放松的呼吸方式，想象身上的每一块肌肉都在放松，感觉它们的松弛和柔软。想象你站在一群取笑你的孩子面前。想象的时候放松肌肉，然后想象自己平静地远离他们，没有感到不安或紧张。在脑海中一遍又一遍地重复远离他们的场景，然后在现实生活中尝试。

列出让你感到快乐的事情。

想象你站在一群取笑你的孩子面前，想一些快乐的事情，然后想像自己平静地远离他们，没有感到不安或紧张。在脑海中一遍又一遍地重复远离他们的场景，然后在现实生活中尝试。

列出你认为有趣的事情。

想象你站在一群取笑你的孩子面前，想一些有趣的事情，然后想像自己平静地远离他们，没有感到不安或紧张。在脑海中一遍又一遍地重复远离他们的场景，然后在现实生活中尝试。

列出爱你的人。

想象你站在一群取笑你的孩子面前，想想爱你的人，然后想像自己平静地远离他们，没有感到不安或紧张。在脑海中一遍又一遍地重复远离他们的场景，然后在现实生活中尝试。

Activity 38

活动 38　何时寻求帮助

· 你要知道 · 有时候，仅凭自信可能无法完全保护自己。为了确保自身或他人的安全，有时候寻求帮助是必要的。这并不是软弱的表现，而是一种明智的选择。

有时候，无论你多么自信，独自处理问题都不是明智之选。在这些情况下，仅凭自己的力量保护自己的安全是不够的，找到一个足够强大的人来帮助你是非常必要的。

对于没有恶意的玩笑，通常你可以自己处理。你还可以根据具体情况来处理一些不友善的玩笑。但是，有些玩笑可能对你的安全构成威胁。当遇到这些情况时，你必须寻求外界的帮助。

当你遇到无法独自应对的情况时，正确地识别和判断情况是很重要的。如果你认为有人正在经历下面列举的情况，最好果断地寻求帮助。

1. **哭得停不下来。**
2. **可能会受到身体上的伤害。**
3. **有人受伤。**
4. **对方持有武器，即使还没有使用。**
5. **正在发生或即将发生违法的事情。**
6. **可能遭受其他危险。**

For you 你要做的

假设你在放学回家的路上，目睹到下图中这些情况的发生。如果你认为需要果断地寻求帮助，就在这种情况旁边打上√。如果你不确定，可以和父母讨论后再做决定。

现在看一下图片中间的人物列表，然后思考一下在每种情况下你可以给谁打电话寻求帮助，再将图片和相应人物连线。每种情况都可以有多个答案。

老师

家长

任何成年人

学校工作人员

警察

成年的朋友

祖父母

邻居

学校校长

For you

更多你要做的

如果向合适的对象求助，你认为上面每幅图中接下来可能会发生什么事情？

图片 1 ....

图片 2 ....

图片 3 ....

图片 4 ....

图片 5 ....

图片 6 ....

当你在生活中需要帮助时，可以向哪些成年人求助？请写下他们的名字。

....

....